# 中国家庭金融研究

# （2020）

甘 犁 吴 雨 何 青 何 欣 弋代春 著

参 著

彭嫦燕 唐 恒 黄钰琴 李小红 武丽娜

张 诏 翟 莉 李 萌 李 茜 贺文蓉

中国·成都

**图书在版编目(CIP)数据**

中国家庭金融研究.2020/甘犁等著.—成都:西南财经大学出版社,2022.8
ISBN 978-7-5504-5313-5

Ⅰ.①中…　Ⅱ.①甘…　Ⅲ.①家庭—金融资产—研究—中国
Ⅳ.①TS976.15

中国版本图书馆 CIP 数据核字(2022)第 055801 号

**中国家庭金融研究(2020)**

ZHONGGUO JIATING JINRONG YANJIU(2020)

甘犁　吴雨　何青　何欣　弋代春　著

| | |
|---|---|
| 责任编辑 | 王利 |
| 责任校对 | 植苗 |
| 封面设计 | 墨创文化 |
| 责任印制 | 朱曼丽 |
| 出版发行 | 西南财经大学出版社(四川省成都市光华村街 55 号) |
| 网　　址 | http://cbs.swufe.edu.cn |
| 电子邮件 | bookcj@swufe.edu.cn |
| 邮政编码 | 610074 |
| 电　　话 | 028-87353785 |
| 照　　排 | 四川胜翔数码印务设计有限公司 |
| 印　　刷 | 四川五洲彩印有限责任公司 |
| 成品尺寸 | 185mm×260mm |
| 印　　张 | 11.5 |
| 字　　数 | 254 千字 |
| 版　　次 | 2022 年 8 月第 1 版 |
| 印　　次 | 2022 年 8 月第 1 次印刷 |
| 书　　号 | ISBN 978-7-5504-5313-5 |
| 定　　价 | 78.00 元 |

# 前言 Foreword

中国家庭金融调查与研究中心（以下简称“中心”）成立于2010年，中国家庭金融调查（China Household Finance Survey，CHFS）是中心开展的全国性大型抽样调查项目，旨在搜集家庭金融微观层面的相关信息，为学术研究和政府决策提供高质量的微观家庭金融数据。中心在2011年完成了首轮调查，随后每两年调查一次，目前已经完成六轮调查工作。调查内容主要包括：人口特征与就业、生产经营性资产、住房资产、土地及其他有形资产、家庭金融资产、家庭负债、家庭收入与支出、社会保障与保险等，对家庭经济、金融行为进行了全面细致的刻画。本书基于2019年中国家庭金融调查数据，对我国家庭成员人口统计学特征及工作、家庭各类资产持有情况、家庭负债行为、家庭收入与支出以及家庭成员保险和保障进行了全方位分析，力求用详尽客观的调查数据为读者全面展示中国家庭的经济金融活动现状，帮助读者更好地理解我国家庭经济金融决策问题。在本书之前，中心已出版了《中国家庭金融调查报告（2012）》《中国家庭金融调查报告（2014）》《中国家庭金融研究（2016）》及《中国家庭金融研究（2018）》系列中国家庭金融调查报告，旨在展示中国家庭经济生活的最新动态，记录中国家庭经济生活的发展变化情况。本书基本沿袭了之前报告的框架结构，在分析口径上，尽可能与历史年度报告保持一致，同时对当前多个经济社会热点问题进行了专题解读。

全书分为9章。第1章为调查设计，主要介绍中国家庭金融调查项目总体情况、抽样设计、数据采集与质量控制以及调查质量；第2章为家庭人口和工作特征，分析涉及家庭成员人口统计学特征、家庭成员工作和收入状况；第3章介绍家庭生产经营项目，依次阐述了家庭对于农业以及工商业生产经营的参与情况、从事生产经营的家庭特征以及生产经营项目本身特征；第4章为家庭房产，主要介绍家庭住房资产拥有状况、消费特征以及住房资产配置等；第5章为其他非金融资产，主要分析家用汽车、耐用品和其他非金融资产拥有状况；第6章为家庭金融资产，着重介绍家庭银行存款、股票、基金、债券等各类金融产品的持有状况；第7章为家庭负债，分析了家庭负债总体情况、负债渠道、不同类型信贷可得性以及债务风险问题；第8章为家庭收入与支出，分类阐述了家庭各项收入和支出项目的具体情况；第9章为保险与保障，介绍了家庭成员参与各类社会保障项目的基本情况以及商业保险投保情况。

"让中国了解自己，让世界认识中国"是中心启动中国家庭金融调查项目的初心所向、使命所系，中国家庭金融调查系列研究报告的持续出版，则是在不断践行这一初心及使命。本书全方位描绘分析中国家庭诸多关键性经济、金融行为状况，希望通过记录家庭各方面的经济生活变化，让中国家庭清晰认识自身家庭金融状况，提升家庭金融素养，优化家庭金融、经济决策。同时希望读者通过了解中国微观家庭经济生活变化，更好地理解中国宏观经济社会的发展变迁。也希望此书能为政府部门、金融机构以及各行各业相关机构带来一些参考与启发，以服务于学术研究、政策制定和实体经济发展。

在此特别感谢中国家庭金融调查项目全体参与人员。中心参与人员主要来自中心执行部、质控部、数据部、技术部、研究部等各部门全职员工，感谢所有调查合作单位的大力支持。中心主任甘犁教授对本书的写作框架和内容做出了详细指导，各章节撰写分工如下：第1章，彭嫦燕、贺文蓉、黄钰琴；第2章，何欣、黄钰琴、李茜；第3章，何欣、唐恒；第4章，弋代春、翟莉；第5章，何青、翟莉；第6章，吴雨、张诏、李萌；第7章，吴雨、李小红；第8章，何青、唐恒；第9章，弋代春、武丽娜。此外，各章节撰写人员又对其他章节内容进行了交叉审阅，以完善书稿。

特别感谢西南财经大学经济与管理研究院博士肖静娜、李晓、李洁在本书撰写过程中出色的助研工作，中心研究团队为专题写作提供了关键素材，调查团队核心成员谢昕、马浪持续支持书稿撰写，调查团队成员董冬慧、方国太、刘笳、李洪彪参与了初稿撰写工作。

2022年5月

# 目录

Table of content

# 1 调查设计

## 1.1 中国家庭金融调查项目简介

西南财经大学于2010年成立中国家庭金融调查与研究中心（简称“中心”），在全国范围内开展抽样调查项目——中国家庭金融调查（CHFS），每两年进行一次全国性入户追踪调查，旨在收集有关家庭金融微观层次的相关信息。调查的主要内容包括：金融资产和非金融资产、负债和信贷约束、收入、消费、社会保障与商业保险、代际转移性支出、人口特征、就业以及支付习惯等相关信息，对家庭经济、金融行为进行全面细致的刻画，以便为学术研究和政府决策提供高质量的微观家庭金融数据。该调查是针对中国家庭金融领域的全面系统的入户追踪调查，调查成果形成了中国家庭金融微观领域的基础性数据库，数据库已开放给社会各界研究者共享使用。

依托系列调查，中心构建了“中国小微企业数据”“中国基层治理调查数据”等中国微观数据体系，形成以服务国民经济、财税事业和宏观经济可持续发展为目标，以实地调研为基础，以多方数据来源为参考的多维度、高时效、高质量的大型微观数据库，通过构建专业化数据服务体系，为学术研究者提供更加丰富实用的数据，拓展其分析方法和手段；为政策制定者提供第一手基础资料，更好地服务于国计民生，创造更大的社会价值和科学价值。

中国家庭金融调查于2011年开始在全国范围内开展入户调查，每两年进行一次，目前已经进行了六轮。2011年第一轮调查覆盖全国25个省份、80个县[①]、320个居委会/村委会，样本规模达8 438户，数据具有全国代表性。2013年第二轮调查覆盖全国29个省份、267个县、1 048个居委会/村委会，样本规模达28 141户，追踪访问2011年样本6 846户，数据具有全国及省级代表性。2015年第三轮调查覆盖全国29个省份、351个县、1 396个居委会/村委会，样本规模达37 289户，追踪访问2013年样本21 775户，数据具有全国、省级及副省级城市代表性。2017年第四轮调查覆盖全国29个省份、355个县、

① 本章节中描述的抽样设计方案，涉及的省份包括省、自治区、直辖市等各类省级行政单位，县包括市辖区、县级市、县等各类县级行政区。

1 428 个居委会/村委会，样本规模达 40 011 户，追踪访问 2015 年样本 26 824 户，数据具有全国、省级及副省级城市代表性。2019 年第五轮调查覆盖全国 29 个省份、345 个县、1 360 个居委会/村委会，样本规模达 34 643 户，追踪访问 2017 年样本 17 494 户，数据具有全国及省级代表性。2021 年第六轮调查数据还没有正式发布。

## 1.2 抽样设计

为了保证样本的随机性和代表性，同时达到 CHFS 着眼于研究家庭资产配置、消费储蓄等行为的目的，本项目采用了分层、三阶段与概率比例规模抽样法（PPS）的抽样设计方案。第一阶段抽样在全国范围内抽取县，第二阶段抽样从县中抽取居委会/村委会，第三阶段在居委会/村委会中抽取住户。

### 1.2.1 第一、二阶段抽样

中心于 2011 年 7 月至 8 月实施了第一轮调查。初级抽样单元为全国除西藏、新疆、内蒙古和港、澳、台地区外的 2 585 个县。在第一阶段抽样中，我们将初级抽样单元按照人均 GDP 分为 10 层，在每层中按照 PPS 抽样抽取 8 个县，共得到 80 个县，分布在全国 25 个省份。在每个抽中的县中，按照非农人口比重分配居委会/村委会的样本数，并随机抽取相应数量的、居委会/村委会，且保证每个县抽取的居委会/村委会之和为 4 个。在每个被抽中的居委会/村委会中，对于富裕的城镇社区进行重点抽样，分配的调查户数相应较多。由此得到每个社区访问的样本量为 20 至 50 个家庭。针对每个被抽中的家庭，我们对符合条件的受访者进行访问，所获取的样本具有全国代表性。进行第一、二阶段抽样时，在总体抽样框中利用人口统计资料进行纸上作业；进行末端抽样时，采用地图地址进行实地抽样。

2013 年，中国家庭金融调查的样本进行了大规模扩充。初级抽样单元（PSU）为全国除西藏、新疆和港、澳、台地区外的全部县。在数据具有全国代表性的基础上，通过抽样设计使得数据在省级层面也具有代表性。具体做法是：在第一阶段抽样时，在每个省份将所有县按照人均 GDP 排序，然后在 2011 年所抽中县的基础上，根据人均 GDP 排序进行对称抽样。例如，某省（自治区、直辖市）共有 100 个县，将其按照人均 GDP 排序后，若 2011 年抽中的县位于第 15 位，则对称抽取人均 GDP 位于第 85 位的县。在此基础上，若 2011 年该省（自治区、直辖市）被抽中的县样本过少，对称抽样不足以构成省级代表性时，将采用 PPS 抽样的方式追加县样本。对于新抽中的宁夏、内蒙古和福建三个省份，同样采用概率比例规模抽样法抽取县样本。在第二阶段抽样中，我们在所有新抽中的县内部，随机抽取 4 个居委会/村委会。

2015年和2017年调查在2013年调查样本量的基础上，再次进行了扩样，使得调查样本具有全国、省级层面和副省级城市代表性。

2019年中国家庭金融调查对样本进行了较大幅度轮换和优化，若住户家庭从2011年起已连续参与四轮中国家庭金融调查，则2019年不再追踪。同时通过在部分省份补充样本，优化省级代表性，实现了除新疆、西藏和港、澳、台地区外的全国29个省份具有良好的样本代表性的目标。

### 1.2.2 实地绘图和末端抽样

本项目的末端抽样建立在绘制住宅分布图以及制作住户清单列表的基础上，借助“住宅分布地理信息”作为抽样框来进行末端抽样。末端抽样框的精度很大程度上取决于实地绘图的精度，因此，如何有效地提高绘图精度成为关键。

为了满足末端样本采集的需要，CHFS的绘图采用项目组自行研发的地理信息抽样系统，借助遥感技术、GPS即全球定位系统、GIS即地理信息系统解决了目标区域空间地理信息的采集问题。借助地理信息研究所提供的高精度数字化影像图和矢量地图，绘图员在野外通过电子平板仪加上GPS定位获取高精度的测量电子数据，并直接输入计算机系统中，从而获得高质量矢量地图。考虑到地图数据的时效性，我们通过后期实地核查、人工修正的方式对空间地理数字模型进行调整，建立起与现实地理空间对应的虚拟地理信息空间。

地理信息抽样系统除了使绘图工作人员能直接在电子地图上绘制住宅分布图外，还能储存住户分布信息，辅助完成末端抽样工作，最大限度地提高了工作效率，减少了绘图和末端抽样的误差。此外，使用电子地理信息抽样系统也有利于保存住户信息资料，为进一步深化和改进项目工作奠定基础。

末端抽样基于绘图工作生成的住户清单列表并采用等距抽样的方式进行，在被抽中的社区随机抽取20~50户受访家庭。具体步骤如下：

第一，计算抽样间距，即每隔多少户抽选一个家庭。其计算公式为：

抽样间距 = 住户清单总户数 ÷ 设计抽取户数（向上取整）

若某社区有住户100户，计划抽取30户，100/30=3.33，则抽样间距为4。

第二，确定随机起点。计算出抽样间距后，在第一个间距内采用随机法确定起点。

第三，确定被抽中住户。随机起点所指示的住户为第一个被抽中的住户。在上述例子中，随机起点为4，则第一个被抽中的住户是编号为4的住户，其他被抽中的住户依次为8、12、16、20等。依此类推，直至抽满30户为止。

在末端抽样完成后，进一步对受访户进行筛选。我们进行访问的目标家庭需满足主要经济活动在本地、家庭成员中至少有一人是中国国籍且在本地居住6个月以上的条件。在访问过程中，将对家庭总体情况和家庭内部每一位家庭成员情况进行仔细询问。CHFS 所指的家庭由共同分享生活开支或收入的一群人组成。家庭成员包括两类，一类是住在一起，且与受访者分享生活开支或收入的人员。特别地，对于轮流居住的老人，调查时点居住在受访者住宅且老人经济不独立的，也算家庭成员。另一类是不住在一起的，但满足以下情况的人员：由本住户供养的在外学生（包括大中专学生和研究生，研究生包括硕士生和博士生）；未分家的外出人员（包括外出工作或随迁家属），无论其外出时间长短；因探亲访友、旅游、住医院、培训或出差等原因临时外出的人员。家庭成员不包括住在一起的寄宿者、住家保姆和住家家庭帮工，也不包括不住在一起的已分家的子女、出嫁人员、挂靠人员或是本住户不再供养的学生（包括大中专学生和研究生）。

### 1.2.3 加权汇总

在我们的抽样设计下，每户家庭被抽中的概率不同。在推断总体的时候，需要通过权重调整完善样本代表性，以纠正抽样偏差。本报告的所有计算结果都已经过抽样权重的调整。

抽样权重的计算方法：根据每阶段的抽样分别计算出调查县被抽中的概率 $P_1$、调查社区（村）在所属县被抽中的概率 $P_2$ 以及调查样本在所属社区（村）被抽中的概率 $P_3$，分别计算出三个阶段的抽样权重 $W_1=1/P_1$、$W_2=1/P_2$、$W_3=1/P_3$，最后得到该样本的抽样权重为 $W=W_1\times W_2\times W_3$。根据实际情况，考虑到调查样本的城乡、性别、年龄比例等分布不均衡，将参考各方面的总体结构特征，对权重做进一步调整和修正。基于调整和修正后的权重推断出来的总体结构与实际情况更接近。

## 1.3 数据采集与质量控制

### 1.3.1 CAPI 系统介绍

CHFS 项目沿用了国际上通用的计算机辅助访问系统（Computer-assisted Personal Interviewing，CAPI）框架和设计理念，研发了具有自主知识产权的面访系统和配套管理平台。通过该系统，我们能够全面实现以计算机为载体的电子化入户访问。通过这种方式，我们能够有效减少人为因素所造成的非抽样误差，例如对问题的值域进行预设，减少人为数据录入错误、减少逻辑跳转错误等，并能较好地满足数据的保密性和实时性要求，从而有效提升调查数据的质量。

### 1.3.2 调查员培训

CHFS将会对所有的访员进行培训，增强访员的沟通能力、理解能力以及相关经济金融知识，加深他们对于问卷的理解，保证访员能够与受访者进行有效沟通。培训内容主要包括以下四个方面：

第一，访问技巧。以访问前、访问时和访问后三个时段为基础，分别制定相应的访问方案。主要包括：在访问前如何确定合格的受访对象，如何获得受访者的信任和配合；在访问时如何向受访者准确、无偏地传达问题的含义，并记录访问中遇到的特殊问题；在访问后如何将数据传回并遵守保密准则。

第二，问卷内容。以小班授课的方式帮助访员对问卷内容进行熟悉和理解；通过幻灯片、视频等多媒体手段更生动地进行讲解；并以课堂模拟访问的方式来加深其印象并发现不足。

第三，CAPI电子问卷系统和访问管理系统。注重理论联系实际，在了解一系列访问系统相关理论知识的基础之上，让访员动手操作。在课堂上向访员发放已经安装CAPI电子问卷系统和中心自主研发的访问管理系统的移动终端设备。通过实际操作，引导访员熟悉操作系统，尤其是访问过程中备注信息的使用和各种快捷操作。

第四，实地演练。课堂培训结束后，组织访员进行实地演练，即小范围地入户访问，以考核访员对访问技巧和问卷内容的掌握情况，查漏补缺。

CHFS的访员需经历多轮培训，在培训完成后，CHFS还对访员进行了严格的考核评分，以访员得分表为主要依据，对考核表现不理想的访员进行再培训。而对于作为访问管理环节具体实践者的督导，中心工作人员对其进行了更为严格的培训。每个合格的督导不仅需要参加完整的访员培训，而且必须接受额外的督导培训，要求其熟练掌握督导管理系统、样本分配系统和CAPI问题系统。

上述严格的培训和考核保证了CHFS的访问督导质量和访员质量，为高质量调查访问数据的收集奠定了坚实的基础。

### 1.3.3 社区协助

入户访问的一大困难是取得受访者的信任和理解，因此在熟悉当地情况的社区或村委工作人员的带领下，向受访者说明项目的背景和目的，在受访者合作程度不高时进行解释和说服，能够在很大程度上降低入户访问的拒访率。

### 1.3.4 样本替换

数据质量是调查的生命，质量保证不仅要求有合理的样本设计和可靠的调查问卷，还必须对数据收集过程本身即调查实施环节制定一套严格的质量标准，并系统地监测每次调查过程，以保证调查环节能遵循规定的程序，达到要求的质量标准。2019年，中心在使用计算机辅助访问系统采集数据的基础上，进行了多维度的数据质量监控，通过将计算机辅助访问系统与质量监控系统链接，对实时回传的访问数据及相关的访问并行数据进行实时分析，实现全方位监测每次调查过程、有效核查每个样本数据、准确清理出现的异常数值，保证质量监控与实地访问工作相对同步，及时发现并指导访员纠正在调查中出现的各种错漏。

考虑到执行方式及受访对象特征，中心一般在项目的实时核查阶段采用全方位、多途径的数据质量监控手段，对调查中访问的样本进行全面、严格的审核，包括换样核查、电话核查、录音核查、数据核查、GPS 核查、图片核查、重点核查（利用各项核查中异常样本交集与敏感数据缺失情况重点监测）等，全面排查并实时反馈访员的行为与数据的质量，从而保证每个调查样本的数据质量。同时也可以根据项目各自所具有的特点，对调查过程中特定的环节进行核查，或有针对性地对其中某些维度进行审核。

为保证 2019 年中国家庭金融调查样本的代表性及数据的科学性，中心在前期准备阶段进行了科学抽样，并要求调查员尽最大努力访问到被抽中的社区及样本户，质量监控人员对样本替换执行最严格审核，以最大限度地减轻随意更换样本对样本代表性造成的影响。

（1）换样规则

我们根据调查访问实地情况及调查项目要求，并参考往期调查中出现的各种样本接触情况做出预设，依据预设情景制定严格的样本替换规则，即可以分别针对受访户地址错误/地址不详/拆迁、空户、多次敲门无人应答、拒访、不符合访问条件及其他情况，制定相应的换样规则。对于追踪样本，当出现地址错误/地址不详/拆迁、空户、无人应答等情况时，必须经过中心后台联络、访员前端各种方式追寻无果后，方可申请换样；对于敲门无人应答、拒访两种情景，必须寻求当地社区或联络人协助入户，且经过六次敲门无人应答（其中一次在周末，两次在晚间）、三次拒访时（其中一次必须是在社区工作人员陪同下入户），方可申请换样。

（2）换样审核

在实地访问阶段，中心质控部门安排专人负责审核访员提交的每一个换样申请，严格查看访员每一次实地接触样本情况，包括样本访问失败原因、接触次数、每次接触时间等，根据接触情况判断样本是否仍有争取的可能性，以及是否达到申请换样的既定标准。具体流程如图 1-1 所示。

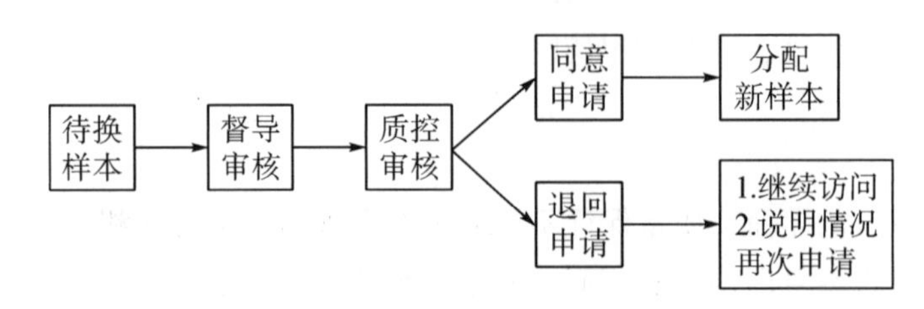


**图 1-1　样本替换具体流程**

### 1.3.5 访问过程质量控制

2019年，我们对每个访问成功样本均实时监测了其调查过程，严格审核了调查数据质量，监测及审核合格后方纳入正式数据库。在监测与审核过程中，如发现访问问题，会对相关访员进行及时反馈和指导，以纠正访员的不规范访问行为；如出现异常数据或错误数据，会进行有效修正，以提高调查数据质量。

（1）调查质量监控要求

对2019年中国家庭金融调查项目访问人员行为进行监测与核查，要求如下：访员严格按照调查要求进行访问，工作细致、严谨、耐心，熟练运用相关访问技巧，保证调查数据及资料的完整性；访员对问卷、访谈提纲理解透彻，对问题题意、填答要求把握精准，准确、忠实记录受访者的回答答案，保证调查数据及资料的准确性；访员的态度保持中立、客观，不受任何外界因素干扰，不诱导或暗示受访者填答，保证调查数据及资料的客观性；访员严格按照被抽中的样本开展访问，不得出现任意挑选受访户、更换受访户、自问自填、臆答等弄虚作假行为，以保证调查数据及资料的代表性和可靠性。

通过严格监督和管控访员访问行为，可从源头上尽可能地减少不达标的回传样本数量。

（2）调查质量监控流程

计算机辅助访问系统回传成功样本访问数据及相应并行数据；核查人员通过质量监控系统监测访问过程、多维度核查样本数据；根据监测核查结果评估每个样本的调查质量，及时清理异常数据；汇总、反馈调查执行中出现的问题，并指导访员进行纠正；针对访问行为不端样本、数据质量不合格样本，及时提出补访方案。

（3）电话核查

对调查成功样本进行电话回访，其主要目的是核实访员是否真实接触被抽中的样本，并认真完成了访问，保证访问样本的准确性及调查过程的真实性。回访时，主要核实三个方面信息：询问受访户身份或地址，确保访员准确访问了被抽中的样本；询问受访者对访员工作的评价，确认访员是否认真完成访问；询问两三个客观问题，与调查回传数据进行对比，防止弄虚作假。

（4）录音监控

为保障调查过程及填答规范、准确，计算机辅助访问系统对每个样本的问答过程进行同步录音，并随同数据一并回传至后台。核查员通过听取访问录音，全程监控样本访问过程，及时发现并更正错误填答、指导访员纠正不规范访问行为及其他访问偏误。

录音核查结果需及时给予反馈，并提醒访员需注意的问题，在访问结束后对每个访员进行质控评分。

（5）数据核查

数据核查主要通过对样本的数据逻辑、阈值标准、无效比率情况、键盘记录等方面进行分析，识别异常样本和异常数据。核查重点主要包括四个方面："不知道"或"拒绝回答"率、访问时长、异常值、数值题目逻辑检验。对于核查标示的异常数值，必须通过录音监听、电话回访等方式核实，并对异常数值做出"修改""删除"或"保留"的判断。

①"不知道"或"拒绝回答"比例核查。在调查访问中，对于受访者缺乏了解或触及其隐私的问题，允许回答"不知道"或"拒绝回答"，样本数据中这两个选项出现的比例在一定范围内，都属于正常情况。当"不知道"和"拒绝回答"的出现比率过高时，则极有可能出现受访者敷衍作答或访员消极访问的情况。因此，可以通过计算每份问卷中"不知道"和"拒绝回答"的比例，判断出可疑样本数据。

②访问时长核查。在访问时长核查过程中，可能出现三种情况：时长过短、时长波动、时长差异。a. 时长过短：调查系统将自行记录每题进入和退出的时间点，故核查阶段可计算得到每个样本在访问过程中的耗时情况。通过对比分析所有成功访问样本的时长分布，根据预设置信水平，标示出时长过短的异常样本。b. 时长波动：不同问题的难度系数具有明显的差异，理论上其答题时长也将有明显区别。若样本每题的答题时长几乎无波动，则该份问卷数据质量存疑。故可使用样本答题时长的标准差与离散系数来衡量时长波动情况，将标准差或离散系数小于1%分位数的样本单独列出，标示出时长波动异常样本。c. 时长差异：为避免访员通过延长、缩短答题时间掩饰作弊行为，可采用时长差异作为核查标准，选取每题答题时长的中位数作为该题的标准答题时长，将核查样本的对应题目与标准答题时长进行对比，若时长差异超过其95%分位数，标记为异常题目。进一步统计该样本的异常题目数量，若样本的异常题目数量超过其99%分位数，标记为异常样本，进行重点核查。

③异常值核查。异常信息数量是决定数据质量的关键因素之一。异常信息一般不可用，应尽可能降低异常信息比例。在数据核查过程中，按照信息变量取值分布不同，对于连续型信息变量（比如收入金额）主要采用统计方法筛选出疑似的异常值进行重点核查；对于分类型变量（比如是否工作），主要采用逻辑判断法、历史信息判断法确定疑似的异常值并进行重点核查。

CHFS数据中连续性变量数目大，涉及问卷各个模块，且容易出现信息错误，在核查过程中需要投入大量人力、财力。最常用的统计方法有三种。第一种方法是3σ准则。μ为一组数据均值，σ为该组数据标准差，它认为数据有极大概率落在均值与三倍标准差（μ-3σ，μ+3σ）之间，概率为99.73%。若数值不在该区间范围内，则可认为该数据可能存在异常，需进行重点核查。第二种方法是截尾法。此方法操作简单，通过选取上下分位数作为异常值的临界值。常见选取标准为上下1%百分位数，大于99%或者小于1%均可能为异常值，需进行重点核查。第三种方法是箱线图法。该方法比较直观，通过箱线图形显示并标记异常值。其统计原理是对于变量X，Q1代表上四分位数，Q3代表下四分位数，IQR=Q3-Q1，若X∉（Q1-3×IQR，Q3+3×IQR），则X为极端异常值；若X∉（Q1-1.5×

IQR，Q3+1.5×IQR)，则 X 为轻度异常值。标记完之后，对极端异常值或者轻度异常值均须进行重点核查。

（6）GPS 核查

GPS 核查工作主要通过充分利用监测访员 GPS 行走轨迹和调查系统记录的键盘数据，识别异常样本。理论上，调查访问的样本可能会集中于某些位置，但不应过分集中，故可以统计调查地区的所有 GPS 点，并计算样本集中情况（每个 GPS 点完成的样本量），作为调查质量评价判断因素之一。

（7）图片核查

图片核查主要核实访员是否准确寻找到追踪受访户。在末端绘图抽样期间，绘图员会对每一个样本户住宅外观进行拍照，并回传图片。访问期间，要求访员同样对受访户住宅外观进行拍照，此外，在调查时应尽量征求与受访者合影。

核查员通过对比绘图员和访员拍摄样本户住宅外观照片，及对比追踪前几轮调查与受访者的合影，以判断本次访问的准确性和真实性。

（8）重点核查

将上述各项核查中提取出来的异常样本取交集，同时根据敏感数据缺失情况进行重点核查，以最大限度地保证调查数据的高质量。对成功访问的样本进行上述多维度的核查，并通过实时核查、数据清理获得较为真实的数据，从而提升数据质量。

在 2019 年中国家庭金融调查项目结束后，中心根据项目总体检测、核查情况，对调查数据质量进行总体评估，并以核查报告形式对调查数据质量进行详细阐释和总结，形成专业化的质量控制流程。

### 1.3.6 其他提高数据质量的措施

（1）问卷设计的逻辑呼应

中心在 CHFS 调查问卷设计中加入了前后逻辑呼应的题目，以防止受访户有意识地乱报数据或者无意识地错报数据。当前后呼应的问题答案出现矛盾时，系统会自动提醒访员注意，访员会再次向受访户核实答案，以确保数据的有效性和真实性。

（2）优秀的学生访员

CHFS 访员事前都经过严格的培训，这为调查数据的高质量提供了保障。我们有充分的证据表明，经过培训后的学生访员以极大的勇气和智慧、极强的责任心和创造力、极强的意志品质和执行力，克服巨大困难，极其出色地完成了调查访问工作。他们成功地打动了受访户，取得了受访户的积极配合。尤为难能可贵的是，他们也敲开了中国高收入阶层的大门，成功地走进这些家庭并搜集到宝贵的数据。

（3）样本家庭的长期维护

我们视受访户家庭为朋友，与他们保持长期联系并建立有效的沟通渠道。每逢佳节我们会向受访户家庭发送祝福的短信；重大节日会进行电话充值以聊表心意；对部分非常关注调查结果的家庭，我们会及时赠送中心的各类研究成果材料；对生活困难或遭受灾害的受访户家庭予以力所能及的物质援助。我们希望受访户家庭信赖 CHFS、重视 CHFS、认同 CHFS。随着调查的长期开展，随着彼此信任的加深，我们相信，调查的可靠性、数据的真实性都会持续提升。

### 1.3.7 数据清理

在 2019 年中国家庭金融调查执行、核查结束后，中心数据部门对采集到的调查数据进行了及时高效的数据清理工作。

访问结束后，中心使用核查后导出的数据，编写代码对备注信息、访员报备信息、二次核查的情况等未录入系统的信息进行统一修正。然后，中心展开系统的数据清理，清理内容主要包括修改变量名、添加变量标签、多选拆分、数据拆分、清除无效变量等。

完成基础数据清理后，中心将针对变量缺失值问题进行插值处理，计算样本权重，核算家庭收入、消费、资产、负债等综合性变量。数据清理完成后，中心将编写数据使用手册，对调查抽样、执行、质控、清理过程等关键要素进行说明。并且，根据数据使用反馈情况，中心将持续更新、完善数据。

## 1.4 调查拒访率

### 1.4.1 拒访率的分布说明

2019 年 CHFS 样本拒访率也表现出了明显的城乡差异。如表 1-1 所示，城镇家庭样本拒访率为 13.1%，而农村家庭样本仅为 1%左右，说明城镇地区访问难度明显高于农村地区。

**表 1-1 2019 年 CHFS 拒访率的城乡分布**

| 城乡分类 | 成功样本数/户 | 拒访样本数/户 | 拒访率/% |
|---|---|---|---|
| 城镇样本 | 22 333 | 3 367 | 13.1 |
| 农村样本 | 12 358 | 131 | 1.1 |
| 全国 | 34 691① | 3 498 | 9.2 |

表 1-2 比较不同类型样本下的城乡拒访率差异，总体上新访样本拒访比例更高，而这一差异主要表现在城镇，城镇拒访率高达 14.7%；农村新访样本拒访比例反而较低，仅为 0.5%。

① CHFS 全国成功访问样本数为 34 691 户，但是由于部分样本质量不合格，最终进入数据库的样本量为 34 643 户。

表 1-2 2019 年 CHFS 新老样本的拒访率分布

| 样本分类 | 城乡分类 | 成功样本数/户 | 拒访样本数/户 | 拒访率/% |
| --- | --- | --- | --- | --- |
| 追踪样本 | 城镇 | 10 295 | 1 288 | 11.1 |
| | 农村 | 7 154 | 104 | 1.4 |
| | 全国 | 17 449 | 1 392 | 7.4 |
| 新访样本 | 城镇 | 12 038 | 2 079 | 14.7 |
| | 农村 | 5 204 | 27 | 0.5 |
| | 全国 | 17 242 | 2 106 | 10.9 |

### 1.4.2 拒访率的横向比较

比较 CHFS 与代表性国外调查数据的拒访率，有利于深入认识 CHFS 调查的数据质量。表 1-3 列出了比较结果。其中，作为追踪调查“标杆性”数据库的美国收入动态的面板调查（PSID）拒访率很低，每次调查的拒访率都在 2%至 6%之间。其他三个数据库与 CHFS 调查内容相近，都在不同程度上涉及家庭的资产、收入和支出等，其中美国消费者金融调查（SCF）的内容与 CHFS 调查的内容最接近。从表 1-3 可以看出，美国消费者金融调查（SCF）、美国消费支出调查（CEX）、意大利收入和财富调查（SHIW）三个调查的拒访率都在 25%以上，其中与 CHFS 调查内容最接近的 SCF 调查拒访率在 30%以上。这表明与国外同类调查相比，CHFS 的拒访率处在很低的水平上。

表 1-3 CHFS 与国外调查的拒访率比较

| 项目 | 时间 | 拒访率/% | |
| --- | --- | --- | --- |
| 美国收入动态的面板调查（Panel Study of Income Dynamic，PSID） | 2010 年 | 每轮调查拒访率在 2 至 6 之间 | |
| 美国消费者金融调查（Survey of Consumer Finance，SCF） | 2010 年 | 随机样本 32.3 | 富裕样本 67.3 |
| 美国消费支出调查（Consumer Expenditure Survey，CEX） | 2018 年 | 面访 27.9 | 日记 34.7 |
| 意大利收入和财富调查（Survey Household Income and Wealth，SHIW） | 2012 年 | 27.5 | |
| 中国家庭金融调查（China Household Finance Survey，CHFS） | 2019 年 | 9.2 | |

## 1.5 数据的代表性

### 1.5.1 样本量说明

统计分析是基于总体中抽取的样本进行建模、计算和分析的。通常，由于经费和时间的限制，人们往往无法对总体的每个样本进行分析，通常都会从总体中抽取部分样本进行分析，从而推断总体特征。统计分析的结果能否反映总体的真实情况，主要取决于样本的选取是否满足随机性要求，而不是样本量的多少。

样本量在一定程度上决定着统计分析的误差，在严格随机抽样的前提下，抽样误差随样本量的增加以几何级数递减。样本量需要多大，这与需要反映的总体标准差有关，样本量既不是“能很好地反映总体情况”的必要条件，也不是它的充分条件。以收入为例，2011 年 CHFS 数据中家庭收入均值为 52 578 元，标准差为 141 748 元。当样本量为 8 400 户时，抽样误差为 2 200 元，约是总体标准差的 1%；当样本量为 28 000 户时，抽样误差为 1 200 元，约是总体标准差的 0.6%；当样本量为 40 000 户时，抽样误差为 320 元，约是总体标准差的 0.2%。因此，无论是 2011 年的 8 438 户还是 2019 年的 34 643 户，当我们的抽样严格按照随机抽样过程进行，调查实施环节也严格按照随机抽样原则更换样本时，通过所抽取的样本都足以正确推断总体特征。

### 1.5.2 代表性说明

从表 1-4 中可以看出，2019 年 CHFS 调查样本覆盖县级单位位于东部的比例达到 37.2%。2019 年 CHFS 调查样本覆盖县级单位在东、中、西的比例与总体有一定的差异，但是从总体来看区县分布较为均匀。抽样市县在东、中、西和东北地区 分布情况具体如表 1-4 所示。

**表 1-4 2019 年所抽中县级单位的东、中、西部和东北地区分布情况**

| | 县级单位数量/个 | | | | 县级单位数量占比/% | | | |
|---|---|---|---|---|---|---|---|---|
| | 东部 | 中部 | 西部 | 东北 | 东部 | 中部 | 西部 | 东北 |
| 总体 | 768 | 705 | 1 090 | 288 | 26.9 | 24.7 | 38.2 | 10.1 |
| 2019 年 | 128 | 77 | 103 | 36 | 37.2 | 22.4 | 29.9 | 10.5 |

尽管CHFS样本分布和全国人口总体分布存在一定差异，但可以通过权重调整优化样本结构。权重的确定是根据抽样设计中每户家庭被抽取的概率进行计算的。换言之，抽样时多投放富裕家庭样本，计算时富裕家庭的相对重要性就会减小，其所代表的家庭户数也就相应低于不富裕家庭。正是通过这一调整，我们能更准确地从样本推断总体的特征。

当样本特征近似总体特征时，样本具有较强的代表性。图1-2和表1-5从年龄、性别、城乡、就业等维度，对比经过权重调整后CHFS和国家统计局（NBS）的各项指标取值情况，评估样本与总体的特征差距。从年龄结构来看，图1-2显示CHFS 2019年统计出的各年龄段人口占比与NBS 2018年统计结果很接近，说明经过权重调整以后，CHFS 2019年数据在人口年龄维度的代表性较好，能够反映总体人口年龄结构特征。从表1-5中可知，从男性比例来看，CHFS 2019年数据中男性人口占总人口的比例为51.2%，NBS 2018年数据中男性人口占总人口的比例为51.1%，在性别分布上，CHFS 2019年数据与总体结构接近，具有较高的代表性；从城镇人口比例来看，在CHFS 2019年和NBS 2018年数据中，城镇人口占总人口比例分别为60.5%、60.6%，在城乡分布上CHFS 2019年数据与总体结构接近，能够很好地反映总体特征；其他各项指标取值也都比较接近。因此，经过权重调整后，CHFS数据能够较好地反映全国总体情况。

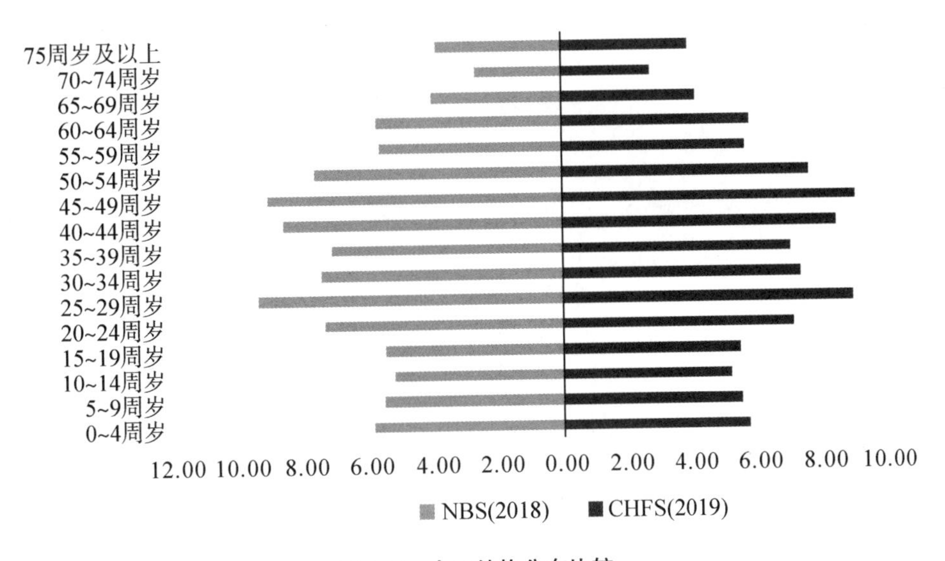


**图1-2 人口结构分布比较**

**表 1-5　CHFS 与 NBS 部分指标统计结果对比**

单位:%

| 类别 | 2019 年（CHFS） | 2018 年（NBS） |
|---|---|---|
| 男性人口占总人口比例 | 51.2 | 51.1 |
| 城镇人口占总人口比例（常住口径） | 60.5 | 60.6 |
| 就业人口占总人数比例（2019） | 52.4 | 55.3 |
| 城镇就业人口占就业人口比例（2019） | 59.2 | 57.1 |
| 第一产业就业人口占总就业人口比例 | 24.3 | 25.1 |

注：2019 年 CHFS 相关指标值由笔者基于 CHFS 2019 年数据自行计算而得，2018 年 NBS 相关指标值由笔者基于 2019 年《中国统计年鉴》整理而得。

# 2 家庭人口和工作特征

## 2.1 家庭人口特征

### 2.1.1 家庭人口构成

图 2-1 为中国家庭人口规模的构成情况。统计数据显示，由 1 人组成的家庭占比 10.1%，由 2 人组成的家庭占比 37.6%，由 3 人组成的家庭占比 21.1%，由 4 人组成的家庭占比 13.8%，由 5 人组成的家庭占比 8.9%，由 6 人组成的家庭占比 6.0%，由 7 人组成的家庭占比 1.7%，由 8 人及以上组成的家庭占比 0.8%。数据表明，2~4 人组成的家庭居多，共占比 72.5%。

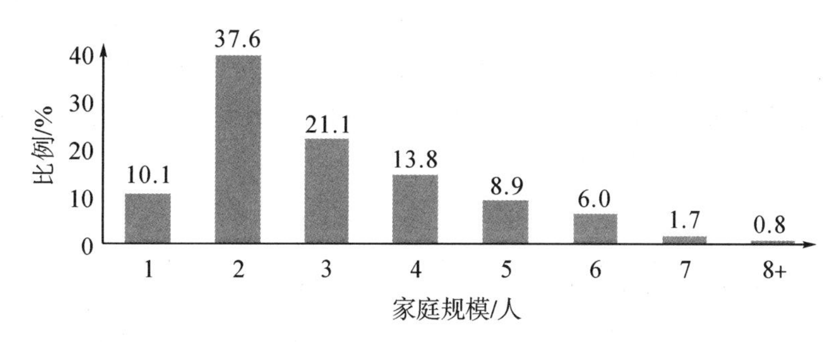


**图 2-1 中国家庭人口规模构成**

如图 2-2，城乡家庭人口规模构成的数据显示，农村家庭与城镇家庭在规模结构上存在较大的差异。首先，在农村家庭中，家庭人口超过 3 人的比例为 34.7%，而城镇家庭中，该比例仅为 27.6%；其次，在城镇家庭中，2 口之家与 3 口之家的占比较高，分别为 36.1%和 25.1%，农村家庭中则是 2 口之家的占比较高，为 39.2%，而 3 口、4 口与 5 口之家的分布比较均衡，分别为 17.1%、13.4%与 10.4%；最后，城镇单身家庭的比例高于农村，前者的比例为 11.2%，后者的比例为 9.0%。

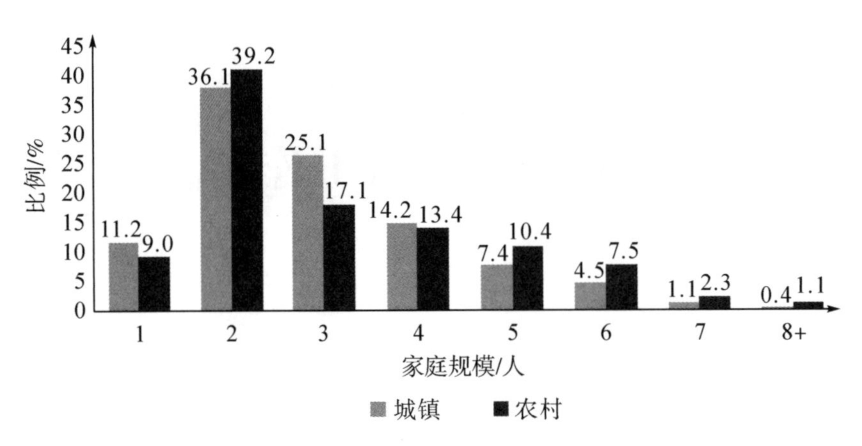


**图 2-2　城乡家庭人口规模构成**

### 2.1.2　家庭性别构成

如表 2-1 所示，调查样本的男女性别比例为 104.9：100，性别比例失衡，并呈现出以下几个特征：一是城乡差异较大，农村的男女性别比例失衡情况比城镇严重，城镇为 101.2：100，而农村该比例高达 110.7：100；二是性别比例失衡存在于各年龄段，老年人口中明显是男少女多，比例为 92.2：100，而劳动年龄人口与少年儿童人口中则是男多女少，比例分别为 104.3：100 和 117.4：100；三是城乡少儿性别比例失衡的问题尤为严重，无论是在城镇还是在农村，少年儿童人口的男女性别比例失衡都非常严重，分别为 116.5：100 和 118.8：100，远高于其他年龄段。

**表 2-1　年龄与性别结构**

| | 平均年龄/周岁 | 年龄中位数/周岁 | 不同年龄组人口所占比例/% | | | |
|---|---|---|---|---|---|---|
| | | | 总人口 | 少年儿童人口 | 劳动年龄人口 | 老年人口 |
| 总人口 | 37.6 | 38 | 100.0 | 16.5 | 72.7 | 10.8 |
| 男性 | 36.9 | 37 | 51.2 | 17.4 | 72.5 | 10.1 |
| 女性 | 38.3 | 38 | 48.8 | 15.5 | 73.0 | 11.5 |
| 性别比 | | | | | | |
| 总人口 | | | 104.9 | 117.4 | 104.3 | 92.2 |
| 城镇 | | | 101.2 | 116.5 | 100.4 | 85.9 |
| 农村 | | | 110.7 | 118.8 | 110.5 | 101.3 |

注：在人口统计学上，0~14 周岁为少年儿童人口，15~64 周岁为劳动年龄人口，65 周岁及以上为老年人口。性别比=男性人口/女性人口，其中女性人口以 100 为基数。

### 2.1.3 年龄结构

年龄结构如表 2-1 所示，少年儿童人口、劳动年龄人口和老年人口的比重分别为 16.5%、72.7%和 10.8%。如表 2-2 所示，在调查样本中，我国的总抚（扶）养比、少儿抚养比和老年扶养比分别为 43.2%、20.9%和 22.3%，城镇的总抚（扶）养比和老年扶养比分别为 40.2%和 19.3%，均低于农村的 46.2%和 25.4%。因此，从城乡来看，农村劳动年龄人口的抚（扶）养压力要高于城镇，换言之，农村劳动力所面临的家庭供养压力要高于城镇。

如表 2-2 所示，从地域来看，我国西部地区的总抚（扶）养比为 48.9%，高于中部的 41.9%和东部的 40.8%。东部、中部和西部地区的少儿抚养比依次递增，分别为 19.6%、20.0%和 24.0%，老年扶养比呈现相似的趋势，东部、中部和西部分别为 21.2%、21.8%和 24.9%。

**表 2-2 家庭人口负担**　　单位:%

| 区域 | 总抚（扶）养比 | 少儿抚养比 | 老年扶养比 |
|---|---|---|---|
| 全国 | 43.2 | 20.9 | 22.3 |
| 城镇 | 40.2 | 20.9 | 19.3 |
| 农村 | 46.2 | 20.8 | 25.4 |
| 东部 | 40.8 | 19.6 | 21.2 |
| 中部 | 41.9 | 20.0 | 21.8 |
| 西部 | 48.9 | 24.0 | 24.9 |

注：总抚（扶）养比是指人口总体中非劳动年龄人口数与劳动年龄人口数之比；少儿抚养比是指少年儿童人口占劳动年龄人口的比例；老年扶养比是指老年人口占劳动年龄人口的比例。

### 2.1.4 学历结构

学历结构如图 2-3 所示。在调查样本中，没有上过学的人口占比 6.3%，小学学历的人口占比 17.6%，初中学历的人口占比 30.3%，高中学历的人口占比 15.1%，中专/职高学历的人口占比 6.1%，大专/高职学历的人口占比 10.3%，大学本科学历的人口占比 13.0%，硕士及以上学历的人口占比 1.3%。

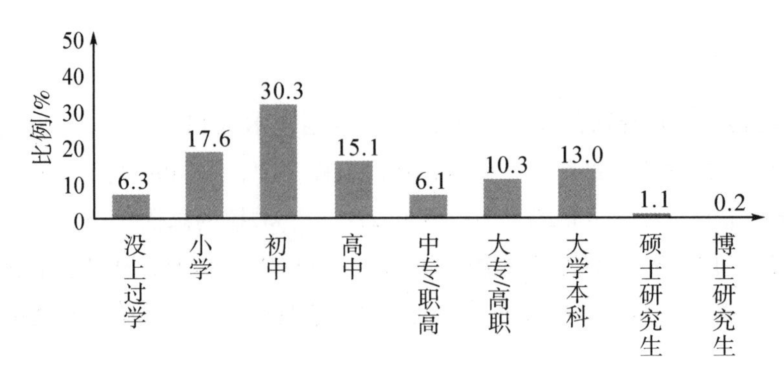


注：本书中凡涉及学历概念的样本，若无特别说明，均控制在年龄为16周岁及以上的群体。下文不再赘述。

**图 2-3　学历结构**

同时，如表2-3所示，我国居民受教育程度的城乡差距非常明显。这表现在：第一，农村没有获得任何学历的人口占比10.8%，远高于城镇，城镇这一占比为3.4%；第二，农村低学历人口占比远高于城镇，即农村获得初中及以下学历的人口比例为63.8%，而城镇仅为37.3%；第三，城镇高学历人口占比远高于农村，即城镇获得大学本科及以上学历的人口比例为20.0%，农村仅为5.7%。此外，即使是对比获得中专/职高以及大专/高职学历的人口比例，城镇也远高于农村，前者高达21.6%，后者仅为8.6%。综上所述，我们可以看出，农村人口在完成九年制义务教育后，继续受教育的人口占比急剧下降，而城镇在高中及以上各阶段学历的人口占比均高于农村。

**表 2-3　城乡与学历结构**　　单位:%

| 学历 | 城镇 | 农村 | 东部 | 中部 | 西部 |
|---|---|---|---|---|---|
| 没上过学 | 3.4 | 10.8 | 5.3 | 6.8 | 7.4 |
| 小学 | 11.1 | 27.4 | 15.0 | 18.3 | 20.9 |
| 初中 | 26.2 | 36.4 | 30.3 | 31.3 | 29.1 |
| 高中 | 17.7 | 11.1 | 15.7 | 15.5 | 13.6 |
| 中专/职高 | 7.7 | 3.8 | 6.6 | 5.9 | 5.7 |
| 大专/高职 | 13.9 | 4.8 | 11.4 | 9.5 | 9.3 |
| 大学本科 | 18.2 | 5.3 | 14.1 | 11.7 | 12.9 |
| 硕士研究生 | 1.6 | 0.3 | 1.4 | 0.9 | 0.9 |
| 博士研究生 | 0.2 | 0.1 | 0.2 | 0.1 | 0.2 |
| 合计 | 100.0 | 100.0 | 100.0 | 100.0 | 100.0 |

如表 2-3 所示，我国居民受教育程度的地域性差异十分明显。这表现在：第一，从东部到西部，没上过学的人口占比逐步递增。具体而言，东部家庭没上过学的人口占比为 5.3%，中部为 6.8%，西部为 7.4%。第二，从东部到西部，仅上过小学的人口占比也逐步递增。具体而言，东部家庭仅上过小学的人口为 15.0%，中部为 18.3%，西部为 20.9%。第三，从东部到西部，初中及以上学历的人口占比逐步递减。具体而言，东部地区学历在初中及以上的人口占比为 79.7%，而中、西部分别为 74.9%和 71.7%。综上所述，在我国居民受教育程度方面，城乡之间和东、中、西部地区之间都存在明显的差异，但我们注意到，城乡之间的差异要远大于东、中、西部地区之间的差异。

年龄与学历结构情况如图 2-4 所示，我国 16 周岁及以上人口的学历结构还存在一定的年龄层次差异。根据各年龄组的学历结构可知，16~35 周岁人口中初中及以下学历人口和没上过学的人口占比 30.9%，而 36~49 周岁人口中该比例为 56.3%，50 周岁及以上人口中该比例则高达 75.1%。由此我们可以看出，九年制义务教育可能在很大程度上改变了人口的学历结构。图 2-4 还显示，不同年龄组中，最突出的学历部分（即在该组中获得不同学历人口所占比例），50 周岁及以上人口出现在初中和小学学历中，36~49 周岁人口出现在初中学历中，16~35 周岁人口出现在大学本科学历中。

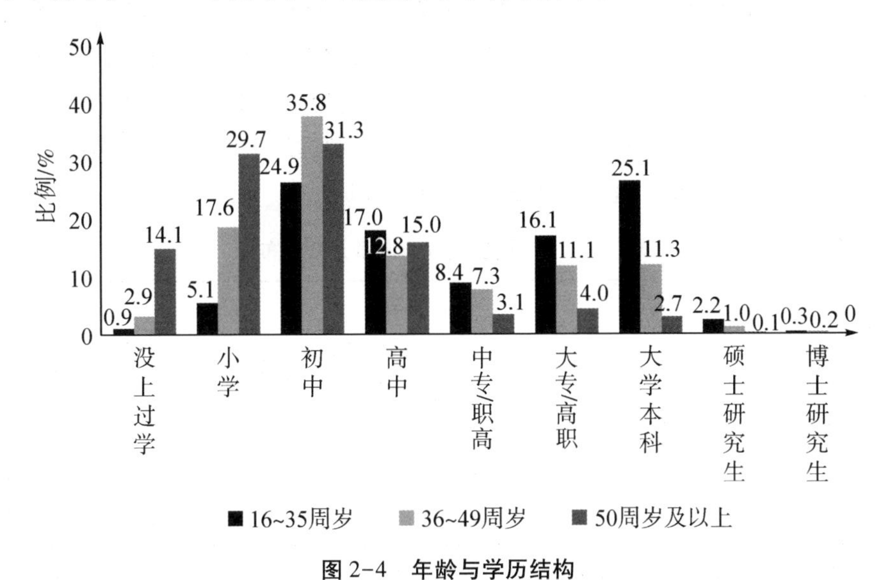


**图 2-4　年龄与学历结构**

### 2.1.5　婚姻状况

婚姻状况如表 2-4 所示。其中，婚姻状况为“未婚”的比例为 18.9%，婚姻状况为“已婚”的比例为 74.8%，婚姻状况为“同居”的比例为 0.3%，婚姻状况为“分居”的比例为 0.2%，婚姻状况为“离婚”的比例为 1.9%，婚姻状况为“丧偶”的比例为 3.9%。

再如表2-4所示，我国城乡人口的婚姻状况存在一些差异，这主要表现在城镇离婚比例明显高于农村：城镇离婚人口比例为2.3%，农村离婚人口比例为1.3%。

**表2-4　婚姻状况分布**　　单位:%

| 婚姻状况 | 全国 | 城镇 | 农村 |
|---|---|---|---|
| 未婚 | 18.9 | 18.7 | 19.3 |
| 已婚 | 74.8 | 74.9 | 74.5 |
| 同居 | 0.3 | 0.3 | 0.3 |
| 分居 | 0.2 | 0.2 | 0.3 |
| 离婚 | 1.9 | 2.3 | 1.3 |
| 丧偶 | 3.9 | 3.6 | 4.3 |
| 合计 | 100.0 | 100.0 | 100.0 |

注：样本控制在年龄为18周岁及以上的群体。

（1）城乡30周岁及以上人口未婚情况

如表2-5所示，30周岁及以上未婚男女的城乡分布也存在较大差异。农村30周岁及以上未婚男性人口比例高于城镇，前者为6.8%，后者为5.0%；而农村30周岁及以上未婚女性人口比例却低于城镇，前者为1.3%，后者为2.6%。这可能是性别比例城乡分布不平衡导致的，正如表2-1所示，城镇中的男女性别比为101.2∶100，而农村该比例高达110.7∶100。同时，30周岁及以上未婚男性所占比例都远高于女性，全国男性这一群体所占比例为5.8%，而全国女性这一群体所占比例为2.1%。

**表2-5　30周岁及以上未婚人口分布**　　单位:%

| 性别 | 全国 | | 城镇 | | 农村 | |
|---|---|---|---|---|---|---|
| | 30周岁及以上人口比例 | 30周岁及以上未婚人口比例 | 30周岁及以上人口比例 | 30周岁及以上未婚人口比例 | 30周岁及以上人口比例 | 30周岁及以上未婚人口比例 |
| 男性 | 50.2 | 5.8 | 49.1 | 5.0 | 51.8 | 6.8 |
| 女性 | 49.8 | 2.1 | 50.9 | 2.6 | 48.2 | 1.3 |
| 总体 | 100 | 4.0 | 100 | 3.8 | 100 | 4.2 |

注：30周岁及以上未婚男性数量/30周岁及以上男性数量=30周岁及以上未婚男性所占比例；30周岁及以上未婚女性数量/30周岁及以上女性数量=30周岁及以上未婚女性所占比例。

如表2-6所示，从全国范围来看，30~35周岁未婚人口占比较高。2019年的调查数据显示，总体上全国30~35周岁未婚人口的比例高达14.7%，远高于表2-5所示的30周岁及以上未婚人口比例4.0%。其中，30~35周岁未婚男性占比20.3%，远高于同年龄段未婚女性占比（8.9%）。该年龄段未婚比例的城乡差异与表2-5所示的30周岁及以上人口未婚比例的城乡差异一致：30~35周岁的农村未婚男性人口比例高于城镇未婚男性人口比例，前者高达23.1%，后者则为18.6%；而30~35周岁中的农村未婚女性人口比例却低于城镇未婚女性人口比例，前者为6.5%，后者则为10.1%。

2015—2019年，30~35周岁未婚人口比例呈现上升趋势。从全国总体来看，2015年该比例为10.3%，2017年该比例为11.4%，2019年该比例上升至14.7%。从城乡来看，城镇该年龄段未婚人口比例的上升幅度比农村更大，农村该比例从2017年的14.1%上升至2019年的15.5%，而城镇该比例从2017年的10.4%上升至2019年的14.2%。从性别来看，男性该年龄段未婚人口比例的上升幅度比女性更大，女性该比例从2017年的6.2%上升至2019年的8.9%，而男性该比例从2017年的16.3%上升至2019年的20.3%。

**表2-6 30~35周岁未婚人口分布比较**

单位：%

| 数据年份 | 区域 | 总体 | 男性 | 女性 |
|---|---|---|---|---|
| CHFS 2019 | 全国 | 14.7 | 20.3 | 8.9 |
| | 城镇 | 14.2 | 18.6 | 10.1 |
| | 农村 | 15.5 | 23.1 | 6.5 |
| CHFS 2017 | 全国 | 11.4 | 16.3 | 6.2 |
| | 城镇 | 10.4 | 14.2 | 6.5 |
| | 农村 | 14.1 | 21.1 | 5.1 |
| CHFS 2015 | 全国 | 10.3 | 14.7 | 5.5 |
| | 城镇 | 9.5 | 13.5 | 5.6 |
| | 农村 | 11.6 | 16.7 | 5.3 |

注：30~35周岁未婚男性数量/30~35周岁男性数量=30~35周岁未婚男性所占比例；30~35周岁未婚女性数量/30~35周岁女性数量=30~35周岁未婚女性所占比例。

如表2-7所示，从总体来看，大学本科学历和硕士研究生学历群体的未婚比例最高，分别为42.3%和44.0%。另外，不同学历人口以及不同性别人口的未婚状况也存在较大的差异。这主要表现在两个方面：第一，没上过学和低学历（初中学历及以下）的男性未婚比例远高于女性未婚比例，其中男性未上过学的未婚比例高达16.7%，而女性该比例仅为1.9%；男性低学历的未婚比例高达19.5%，而女性该比例仅为5.7%。第二，高学历（大学本科学历及以上）女性未婚比例则远高于男性未婚比例，具有大学本科学历的女性未婚比例高达48.0%，而男性该比例则仅为35.8%；具有硕士研究生学历的女性未婚比例高达49.8%，而男性该比例则仅为37.3%。

表 2-7　学历与未婚比例　　单位:%

| 学历 | 全国 | 男性 | 女性 |
|---|---|---|---|
| 没上过学 | 5.4 | 16.7 | 1.9 |
| 小学 | 4.4 | 8.0 | 1.3 |
| 初中 | 8.3 | 11.5 | 4.4 |
| 高中 | 10.6 | 12.5 | 8.3 |
| 中专/职高 | 18.9 | 24.3 | 12.6 |
| 大专/高职 | 26.9 | 26.9 | 26.8 |
| 大学本科 | 42.3 | 35.8 | 48.0 |
| 硕士研究生 | 44.0 | 37.3 | 49.8 |
| 博士研究生 | 40.0 | 36.2 | 44.0 |

注：凡涉及婚姻概念的样本，根据我国婚姻法的规定，男性均限定在 22 周岁及以上，女性均限定在 20 周岁及以上。下文不再赘述。

图 2-5 显示了不同学历水平下未婚人口的比例变化情况。如图 2-5 所示，第一，随着学历的升高，未婚比例总体上呈现先上升后下降的趋势。其中，全国总体未婚率的拐点出现在硕士研究生学历，即全国人口中获得硕士研究生学历的人口具有最高的未婚率，比例高达 44.0%。同时，男性和女性样本的未婚率拐点也出现在硕士研究生学历，其未婚比例分别为 37.3%和 49.8%。第二，高学历（获得本科及以上学历）人口的未婚比例要高于低学历（仅获得初中及以下学历）人口。虽然从硕士研究生学历开始出现未婚率的拐点，但是高学历人口的未婚率依然高于低学历人口。第三，男性低学历人口的未婚率高于女性低学历人口的未婚率，女性高学历人口的未婚率要高于男性高学历人口的未婚率。

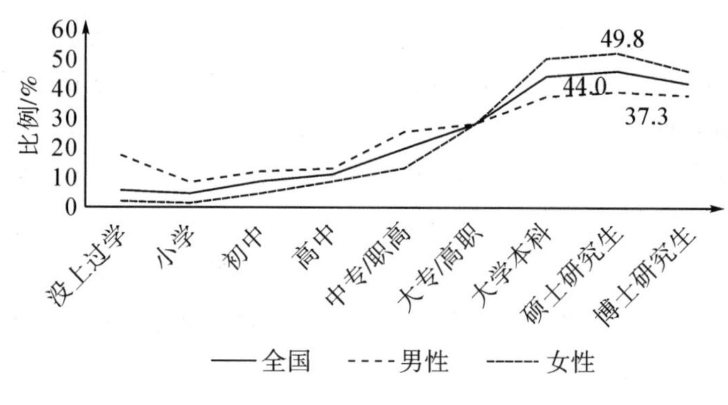


图 2-5　学历与未婚比例

如表 2-8 所示，根据我国婚姻法规定的男女适婚年龄，不同就业方式人口的未婚比例存在较大的差异。其中，受雇于他人或单位和临时性工作人口的未婚比例较其他就业方式的未婚比例更高，受雇于他人或单位的人口未婚比例最高，为 19.7%，临时性工作人口的未婚比例次之，为 19.2%。总体而言，务农人口的未婚比例最低，仅为 3.4%。

**表 2-8 就业方式与未婚比例** 单位:%

| 工作状况 | 全国 | 男性 | 女性 |
|---|---|---|---|
| 受雇于他人或单位 | 19.7 | 19.8 | 19.6 |
| 临时性工作 | 19.2 | 20.7 | 16.7 |
| 雇主 | 7.4 | 8.5 | 4.4 |
| 自营劳动者 | 6.1 | 7.1 | 4.4 |
| 家庭帮工 | 8.2 | 23.5 | 2.1 |
| 自由职业者 | 13.7 | 13.3 | 15.0 |
| 务农 | 3.4 | 6.0 | 0.9 |

（2）离婚情况

如图 2-6 所示，不同年龄组的离婚率具有很大的差异，其中 30 周岁及以下人口的离婚率仅为 0.8%，31~39 周岁人口的离婚率为 2.7%，40~49 周岁人口的离婚率为 3.2%，50 周岁及以上人口的离婚率为 1.6%。

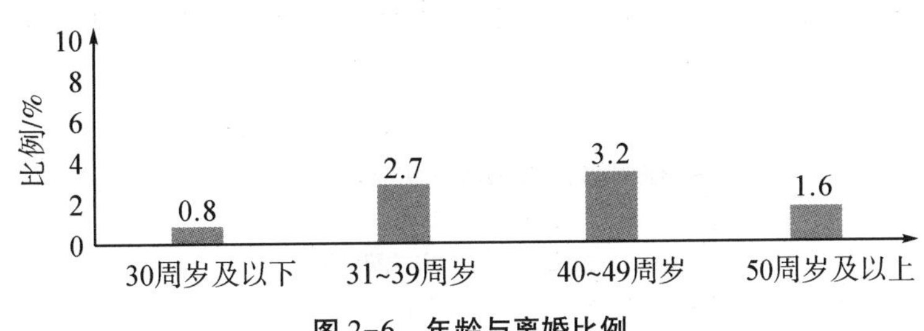


**图 2-6 年龄与离婚比例**

## 2.2 工作及收入状况

### 2.2.1 工作状况

如表 2-9 所示，2019 年 CHFS 样本中，在家务农人口所占比例为 26.0%，临时性工作人口所占比例为 25.6%，受雇于他人或单位人口所占比例为 35.0%，自营劳动者所占比例为 8.1%，自由职业者所占比例为 2.3%，家庭帮工人口所占比例为 1.5%，雇主所占比例为 1.5%。

表 2-9　就业结构　　单位:%

| 工作状况 | 全国 | 城镇 | 农村 |
|---|---|---|---|
| 受雇于他人或单位 | 35.0 | 51.0 | 14.7 |
| 临时性工作 | 25.6 | 24.3 | 27.2 |
| 雇主 | 1.5 | 2.2 | 0.8 |
| 自营劳动者 | 8.1 | 11.1 | 4.3 |
| 家庭帮工 | 1.5 | 1.8 | 1.1 |
| 自由职业者 | 2.3 | 2.9 | 1.7 |
| 务农 | 26.0 | 6.7 | 50.2 |
| 合计 | 100.0 | 100.0 | 100.0 |

从就业分布状况来看，务农人口的比例为 26.0%，我国农业仍吸收了大量的劳动力。然而从图 2-7 及图 2-8 可知，务农人口的平均年龄和平均受教育年限分别为 52.4 周岁和 6.8 年，可见务农群体年龄比较大且受教育水平较低。如表 2-9 所示，农村地区在家务农人口占农村就业人员的 50.2%，这表明农业仍然是农村劳动力就业的主要途径，对那些年龄较大、受教育水平较低的农村劳动力而言更是如此。

如图 2-7 和图 2-8 所示，无论是城镇还是农村，在家务农人口年龄普遍高于其他就业方式人口，而受教育年限普遍短于其他就业方式人口。平均年龄最低的就业方式是受雇于他人或单位，为 38.2 周岁，但其平均受教育年限是所有就业方式中最长的，为 13.5 年。

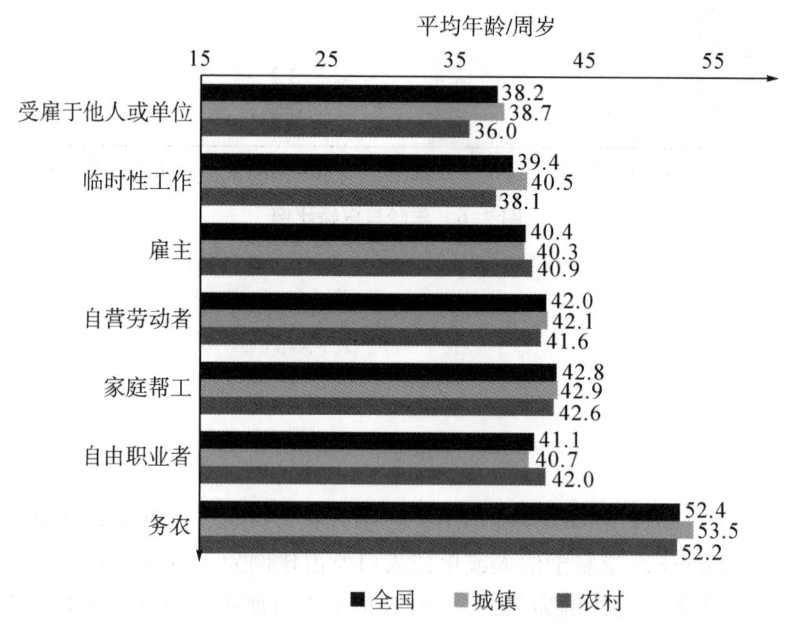


图 2-7　年龄与就业方式

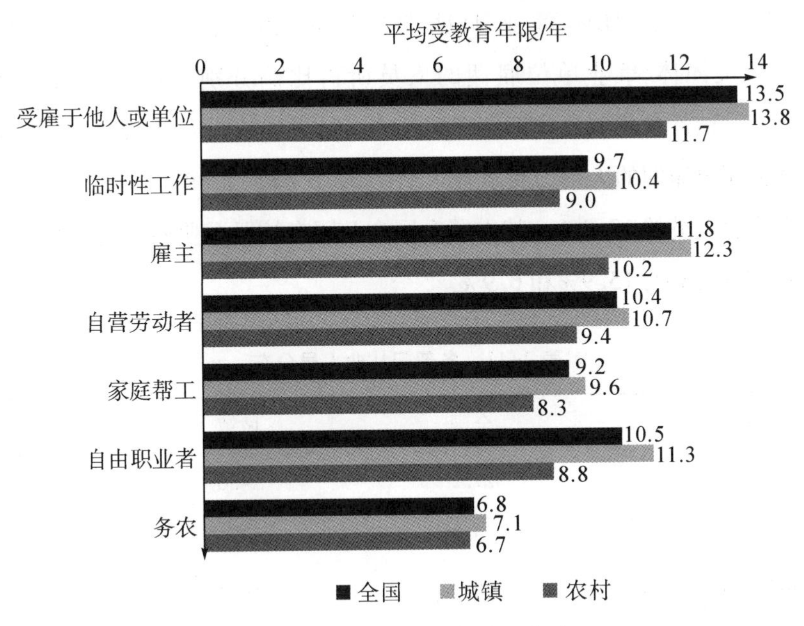


**图 2-8　受教育年限与就业方式**

表 2-10 展示了受雇于他人或单位人口的具体职业属性。在城镇和农村，城乡不同雇佣人口职业性质分布有明显差异，主要表现为以下几点：第一，在城镇中，占比最高的职业人群为专业技术人员，为 30.6%，该比例在农村仅为 21.5%；第二，在城镇中，占比较高的职业人群还有办事人员和有关人员，为 24.7%，该比例在农村仅为 10.5%；第三，在农村中，占比最高的职业人群为生产制造及有关人员，为 28.7%，该比例在城镇仅为 10.9%。此外，其他社会生产服务和生活服务人员的总体占比为 21.4%，城镇和农村该占比的差异不大，分别为 20.3%、24.0%。

**表 2-10　雇佣人口职业性质**　　单位:%

| 职业性质 | 全国 | 城镇 | 农村 |
|---|---|---|---|
| 国家机关、群团和社会组织、企事业单位负责人 | 5.6 | 6.0 | 4.7 |
| 专业技术人员 | 27.8 | 30.6 | 21.5 |
| 办事人员和有关人员 | 20.5 | 24.7 | 10.5 |
| 快递员 | 0.4 | 0.4 | 0.4 |
| 其他社会生产服务和生活服务人员 | 21.4 | 20.3 | 24.0 |
| 生产制造及有关人员 | 16.3 | 10.9 | 28.7 |
| 其他从业人员 | 8.0 | 7.1 | 10.2 |
| 合计 | 100.0 | 100.0 | 100.0 |

如表 2-11 所示，机关团体/事业单位雇佣的劳动力占到了从业人员比例的 21.3%，其中城镇和农村机关团体/事业单位雇佣的人员所占比例分别为城镇和农村从业人员的 24.6%和 13.5%。私营企业和个体工商户雇佣的人员占到从业人员的 58.1%，其中城乡私营企业和个体工商户雇佣的人员占到从业人员的 52.5%和 71.4%。国有及国有控股企业雇佣的人员占到从业人员的 13.2%，其中城乡国有及国有控股企业雇佣的人员所占比例分别为城镇和农村从业人员的 15.9%和 6.9%。

**表 2-11　各部门从业人员分布**

单位:%

| 企业性质 | 全国 | 城镇 | 农村 |
|---|---|---|---|
| 机关团体/事业单位 | 21.3 | 24.6 | 13.5 |
| 国有及国有控股企业 | 13.2 | 15.9 | 6.9 |
| 个体工商户 | 20.2 | 16.4 | 29.4 |
| 私营企业 | 37.9 | 36.1 | 42.0 |
| 外商、港澳台投资企业 | 2.2 | 2.7 | 0.8 |
| 其他 | 5.2 | 4.3 | 7.4 |
| 合计 | 100.0 | 100.0 | 100.0 |

如图 2-8 所示，受雇于他人或单位的从业人员的受教育年限普遍更长，而作为家庭帮工或在家务农的人员的受教育年限相对较短。

如图 2-9 所示，国家机关、群团和社会组织、企事业单位负责人的受教育年限最长，平均为 14.0 年，其中城镇平均为 14.6 年，农村平均为 12.2 年。其次为办事人员和有关人员，受教育年限平均为 13.4 年，其中城镇平均为 13.8 年，农村平均为 11.3 年。最短的是生产制造及有关人员，受教育年限平均为 9.4 年。

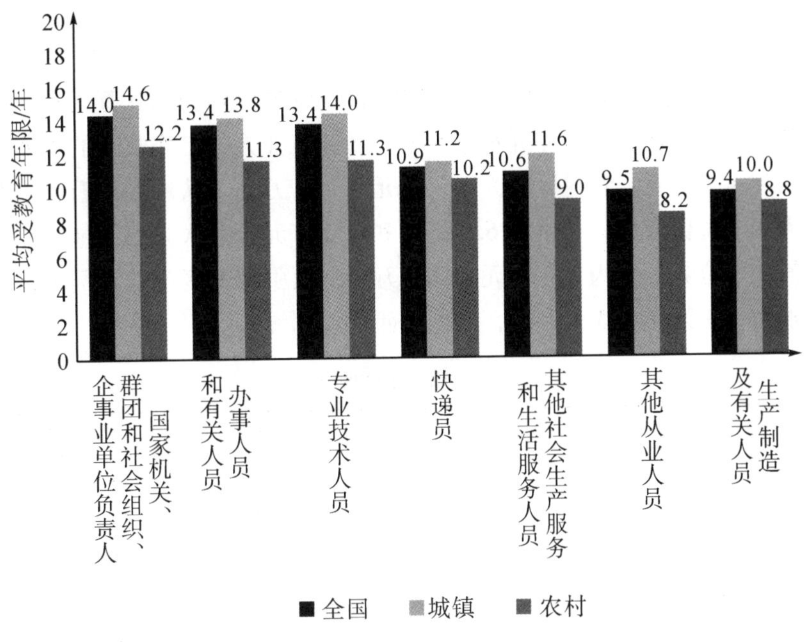


**图 2-9　受教育年限与职业**

如图 2-10 所示，不同企业性质的群体，其平均受教育年限也存在一定差异。其中机关团体/事业单位和外商、港澳台投资企业的从业人员的平均受教育年限最长，分别为 14.0 年和 13.6 年；其次是国有及国有控股企业，其从业人员的平均受教育年限为 13.3 年。

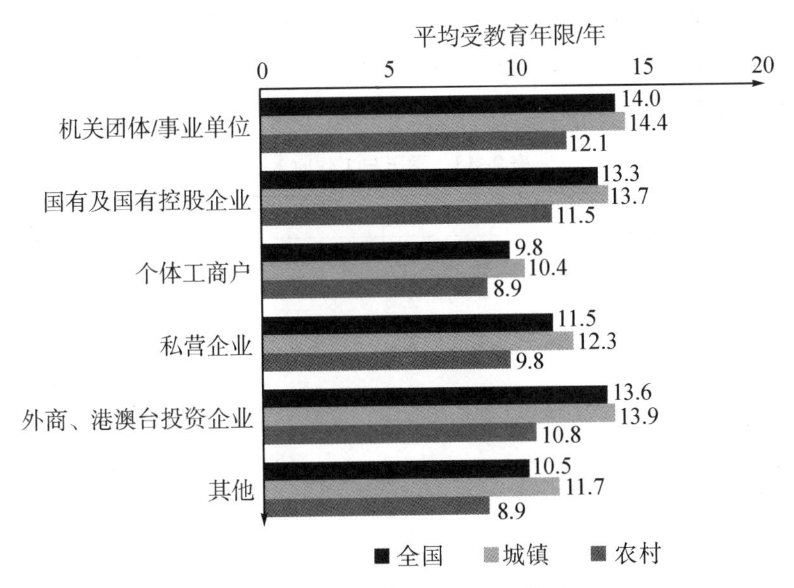


**图 2-10　受教育年限与企业性质**

### 2.2.2 收入状况

如表 2-12 所示，就业人员工作收入的均值和中位数分别为 5.0 万元和 3.6 万元。其中城乡差距和东、中、西部地区差异都很明显。城镇就业人员工作收入的均值和中位数分别为 5.9 万元和 4.2 万元，农村分别为 3.3 万元和 2.7 万元。从地区来看，东部就业人员工作收入均值和中位数最高，分别为 6.0 万元和 4.2 万元；其次是西部地区，就业人员工作收入的均值和中位数分别为 4.4 万元和 3.3 万元；而中部地区就业人员工作收入的均值和中位数分别为 4.1 万元和 3.3 万元，略低于西部。

**表 2-12 工作收入**

单位：万元

| 区域 | 均值 | 50%(中位数) | 10% | 25% | 75% | 90% |
|---|---|---|---|---|---|---|
| 全国 | 5.0 | 3.6 | 1.0 | 2.1 | 6.0 | 9.6 |
| 城镇 | 5.9 | 4.2 | 1.5 | 2.5 | 6.9 | 11.0 |
| 农村 | 3.3 | 2.7 | 0.6 | 1.4 | 4.2 | 6.4 |
| 东部 | 6.0 | 4.2 | 1.2 | 2.4 | 6.8 | 11.5 |
| 中部 | 4.1 | 3.3 | 1.0 | 2.0 | 5.2 | 7.8 |
| 西部 | 4.4 | 3.3 | 0.8 | 1.8 | 5.5 | 8.5 |

注：凡涉及收入的概念，若无特别说明，均指调查年份上一年（2018 年）的总收入状况。下文不再赘述。

如表 2-13 所示，不同学历的个人年收入水平确实存在较大的差异。无论是从均值还是从中位数来看，高学历者的年收入都要高于低学历者。例如高中学历就业人员的平均年收入为 4.3 万元，而大学本科学历就业人员的平均年收入为 8.2 万元，远高于前者；硕士研究生从业人员的平均年收入为 15.0 万元，也远高于大学本科学历就业人员；博士研究生从业人员的平均年收入最高，达到了 16.0 万元。

**表 2-13 学历与工作收入**

单位：万元

| 学历 | 均值 | 中位数 |
|---|---|---|
| 没上过学 | 1.9 | 1.4 |
| 小学 | 2.6 | 2.1 |
| 初中 | 3.5 | 3.0 |
| 高中 | 4.3 | 3.5 |
| 中专/职高 | 4.7 | 3.7 |
| 大专/高职 | 6.0 | 4.8 |
| 大学本科 | 8.2 | 6.0 |
| 硕士研究生 | 15.0 | 10.7 |
| 博士研究生 | 16.0 | 15.2 |

如表 2-14 所示，不同年龄段从业人员的工作收入也有明显的差异。工作年收入最高的年龄段是 30~39 周岁，其均值为 5.8 万元，中位数为 4.3 万元；其次是 40~49 周岁的从业人员，其工作年收入的均值为 5.3 万元，中位数为 3.8 万元；再次是 30 周岁（不含）以下与 50~59 周岁的从业人员，其工作年收入的均值分别为 4.7 万元和 4.2 万元。60 周岁及以上从业人员的工作年收入最低，其均值仅为 2.5 万元，中位数为 1.8 万元。

**表 2-14　年龄与工作收入**　　单位：万元

| 年龄 | 均值 | 中位数 |
|---|---|---|
| 30 周岁（不含）以下 | 4.7 | 3.6 |
| 30~39 周岁 | 5.8 | 4.3 |
| 40~49 周岁 | 5.3 | 3.8 |
| 50~59 周岁 | 4.2 | 3.0 |
| 60 周岁及以上 | 2.5 | 1.8 |

年龄与工作收入的关系如图 2-11 所示，随着年龄的增加，年收入呈现先上升后下降的趋势。从总体来看，年收入的拐点在 35~39 周岁，即 39 周岁之前从业人员的年收入在上升，而 40 周岁及以上从业人员的年收入则随年龄增加而下降。从性别来看，男性与女性的年收入拐点均在 35~39 周岁，但是男性的平均年收入在各个年龄段都高于女性。

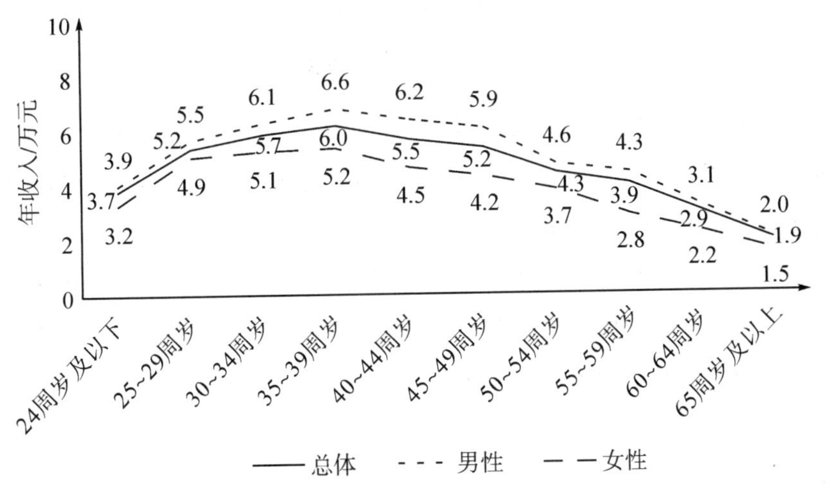


**图 2-11　年龄与工作收入**

如图 2-12 所示，不同职业人口的收入存在一定的差异。首先，平均年收入最高的是国家机关工作人员、群团和社会组织工作人员、企事业单位负责人，其平均年收入高达 7.3 万元，中位数为 5.0 万元；其次，年收入较高的是专业技术人员，其平均年收入为 6.9 万元，中位数为 5.1 万元；再次，紧随其后的分别是办事人员和有关人员、快递员、其他从业人员以及生产制造及有关人员；最后，年收入相对最低的是其他社会生产服务和生活服务人员，其平均年收入为 3.7 万元，中位数为 3.0 万元。

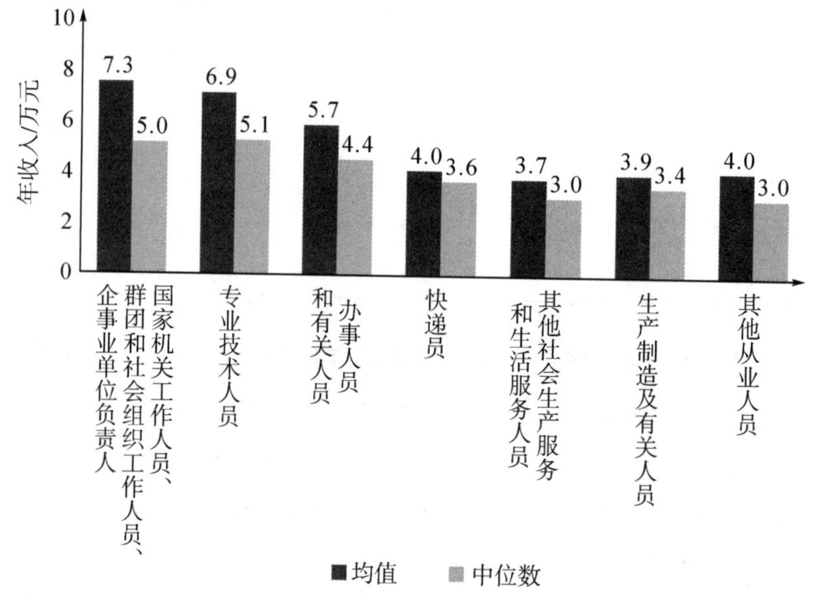


**图 2-12 职业与工作收入**

如图 2-13 所示，企业性质不同其工作者的收入也存在相当大的差距。其中，最高的是外商、港澳台投资企业的工作者，其平均年收入高达 9.9 万元，中位数为 6.6 万元；紧随其后的是国有及国有控股企业的工作者，其平均年收入为 7.1 万元，中位数为 5.3 万元；再次为机关团体/事业单位的工作者，其平均年收入为 5.7 万元，中位数为 4.6 万元；而私营企业的工作者，其平均年收入为 5.3 万元，中位数为 3.9 万元；收入最低的是个体工商户和其他工作者，其平均年收入分别为 3.5 万元和 3.4 万元，其中位数分别为 3.0 万元和 2.8 万元。

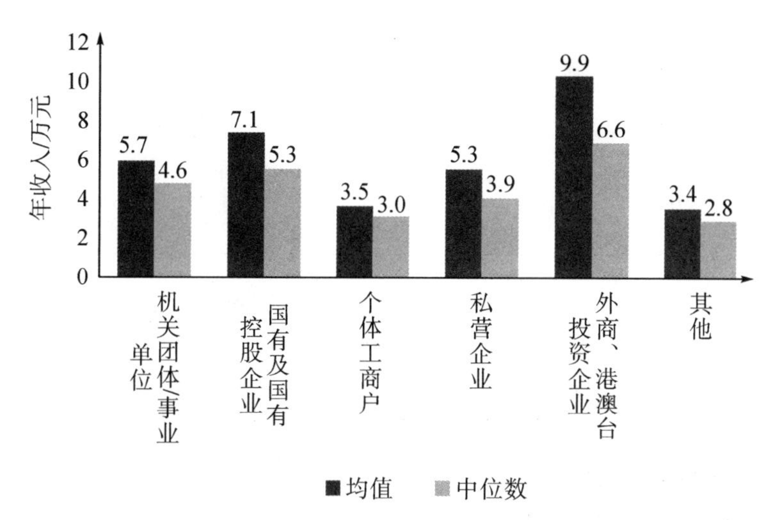


**图 2-13 企业性质与工作收入**

### 专题 2-1 新兴职业的影响

（1）新兴职业人口的分布

新兴职业人口的分布如表 2-15 所示。把新兴职业作为第一职业的人口占比 0.7%，从地域趋势来看，东、中、西部依次递减，分别为 0.8%、0.7%和 0.6%。而把新兴职业作为第二职业的人口占比 1.2%，也是呈东、中、西部依次递减的趋势，分别为 1.3%、1.2%和 1.0%。从总体来看，不管是第一职业还是第二职业，从事新兴职业的人口占比 0.8%，也是呈东、中、西部依次递减趋势。

**表 2-15 新兴职业人口的分布** 单位:%

| 类别 | 全国 | 东部 | 中部 | 西部 |
|---|---|---|---|---|
| 把新兴职业作为第一职业的人口 | 0.7 | 0.8 | 0.7 | 0.6 |
| 把新兴职业作为第二职业的人口 | 1.2 | 1.3 | 1.2 | 1.0 |
| 从事新兴职业的人口 | 0.8 | 0.9 | 0.8 | 0.6 |

注：此表及后文涉及新兴职业的人口年龄限制在 16 周岁及以上。

（2）新兴职业与年龄结构

如图 2-14 所示，从事新兴职业的年龄段中，16~19 周岁占比 0.3%，20~24 周岁占比 5.0%，25~29 周岁占比 24.3%，30~39 周岁占比 35.4%，40~49 周岁占比 28.1%，50 周岁及以上占比 6.9%。

总体来看，70 后、80 后是新兴职业的主力军，95 后从事新兴职业的比例也很高，表明刚毕业选择就业的年轻人也愿意尝试与挑战新兴职业，十分值得关注。

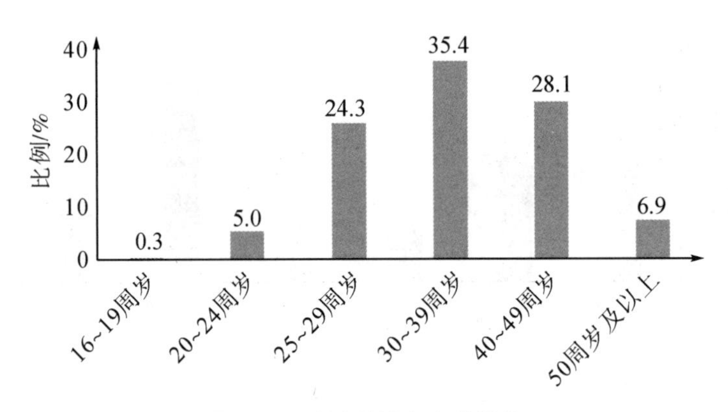


图 2-14　新兴职业与年龄结构

（3）新兴职业与学历结构

如图 2-15 所示，从事新兴职业的人员中，0.3%的人没上过学，5.0%的人有小学学历，37.2%的人有初中学历，19.2%的人有高中学历，14.2%的人有中专或职高学历，16.4%的人有大专或高职学历，7.7%的人有大学本科及以上学历。

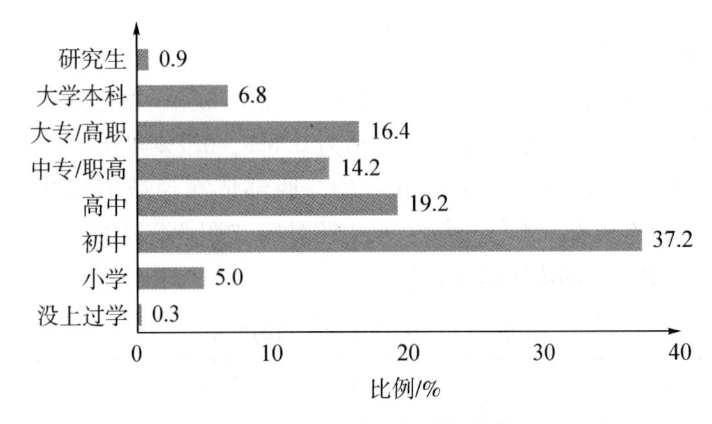


图 2-15　新兴职业与学历结构

综合上述情况可以看出，从事新兴职业人员的学历水平主要集中在初/高中或大专毕业，这说明新兴职业为解决中等学历人口的就业问题提供了帮助，为就业人口提供了多样化的选择。

（4）新兴职业与收入结构

如表 2-16 所示，把新兴职业作为第一职业的人员工作收入的均值和中位数分别为 4.4 万元、3.6 万元。从东、中、西部的分布来看，东部地区的收入均值和中位数最高，分别为 5.2 万元和 4.7 万元；其次是西部地区，其收入均值和中位数分别为 3.9 万元和 3.0 万元；而中部地区，其收入的均值和中位数分别为 3.4 万元和 3.0 万元。

表 2-16 把新兴职业作为第一职业的收入情况　　单位：万元

| 区域 | 均值 | 50%(中位数) | 10% | 25% | 75% | 90% |
|---|---|---|---|---|---|---|
| 全国 | 4.4 | 3.6 | 1.0 | 2.0 | 6.0 | 8.0 |
| 东部 | 5.2 | 4.7 | 1.2 | 2.4 | 6.8 | 9.4 |
| 中部 | 3.4 | 3.0 | 0.8 | 1.8 | 4.8 | 6.0 |
| 西部 | 3.9 | 3.0 | 1.4 | 1.8 | 5.0 | 7.2 |

如表 2-17 所示，把新兴职业作为第二职业的人员工作收入的均值和中位数分别为 2.1 万元、1.5 万元。从地域趋势来看，东、中、西部的收入依次递增，东部地区的收入均值和中位数分别为 1.7 万元和 1.5 万元，中部地区的收入均值和中位数分别为 2.4 万元和 1.2 万元，西部地区收入的均值和中位数分别为 2.5 万元和 1.7 万元。

表 2-17 把新兴职业作为第二职业的收入情况　　单位：万元

| 区域 | 均值 | 50%(中位数) | 10% | 25% | 75% | 90% |
|---|---|---|---|---|---|---|
| 全国 | 2.1 | 1.5 | 0.1 | 0.4 | 2.0 | 5.0 |
| 东部 | 1.7 | 1.5 | 0.0 | 0.2 | 2.0 | 5.0 |
| 中部 | 2.4 | 1.2 | 0.4 | 0.4 | 2.0 | 3.0 |
| 西部 | 2.5 | 1.7 | 0.1 | 0.8 | 4.0 | 8.0 |

# 3 家庭生产经营项目

## 3.1 农业生产经营项目

### 3.1.1 参与情况

农业生产经营包括农、林、牧、渔，但不包括受雇于他人的农业生产经营。表 3-1 显示，全国所有调查样本中，33.2%的家庭从事农业生产经营。分城乡来看，城镇有 10.4%的家庭从事农业生产经营，农村有 74.7%的家庭从事农业生产经营[①]。分地区来看，东部从事农业生产经营的家庭最少，仅占比 26.6%；中部和西部家庭从事农业生产经营的比例较高，分别为 36.9%和 40.2%。

**表 3-1 家庭农业生产经营参与** 单位:%

| 分布地区 | 参与比例 |
|---|---|
| 全国 | 33.2 |
| 城镇 | 10.4 |
| 农村 | 74.7 |
| 东部 | 26.6 |
| 中部 | 36.9 |
| 西部 | 40.2 |

### 3.1.2 从事农业生产经营家庭的特征

图 3-1、图 3-2 显示了按户主年龄和学历分组的家庭农业生产经营参与情况。在户主年龄方面，由图 3-1 可知，户主为 46~55 周岁的家庭参与农业的比例最高，为 41.2%；而户主为 16~25 周岁的家庭农业参与率最低，仅为 4.6%。此外，户主为 36~45 周岁和 56

① 下文将从事农业生产经营项目的家庭简称为“农业家庭”，将其他家庭简称为“非农业家庭”。

周岁及以上家庭的农业参与率分别为 27. 5%和 36. 6%。从总体上看，户主年龄在 45 周岁（不含）以上的家庭更有可能参与农业生产经营。

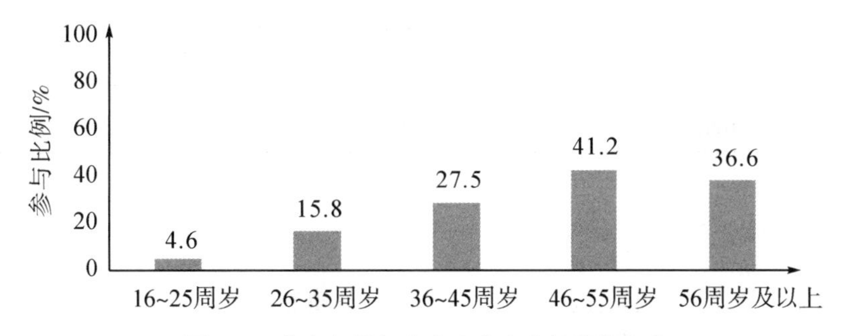


**图 3-1 户主年龄与家庭农业生产经营参与率**

在户主学历方面，由图 3-2 可知，户主为小学学历的家庭农业参与率最高，达到了 55. 9%；其次为户主没上过学的家庭，农业参与率为 52. 6%；户主为初中学历的家庭农业参与率比前两组相对更低，为 41. 3%；户主为高等学历的家庭农业参与率最低，进一步表明从事农业生产经营的家庭的户主学历相对较低。

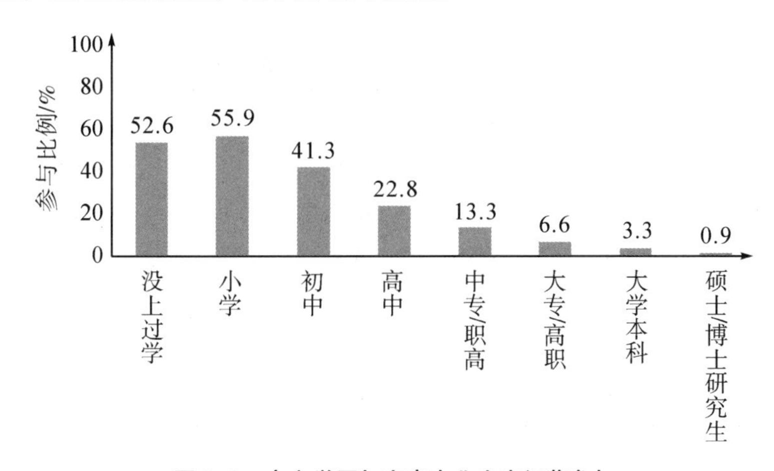


**图 3-2 户主学历与家庭农业生产经营参与**

我们进一步比较了农业家庭和非农业家庭的经济特征差异。由表 3-2 可知，农业家庭的总资产和总财富（资产净值）均值分别为 47. 3 万元和 39. 3 万元，约为非农业家庭的 1/3。非农业家庭的总收入平均为 12. 5 万元，大约是农业家庭的两倍。可见，农业家庭经济状况相对较差，非农业家庭相对富裕。因此，缩小收入差距，需要提高农业综合生产力，推动农业高质量发展，促进农民增产增收，助力实现乡村振兴。

**表 3-2　家庭经济特征**　　单位：万元

| 类别 | 总资产 | | 总财富 | | 年均总收入 | |
|---|---|---|---|---|---|---|
| | 均值 | 中位数 | 均值 | 中位数 | 均值 | 中位数 |
| 农业家庭 | 47.3 | 22.2 | 39.3 | 20.3 | 5.3 | 3.0 |
| 非农业家庭 | 160.1 | 77.7 | 147.7 | 71.6 | 12.5 | 7.2 |

### 3.1.3　生产经营范围

从家庭农业生产经营范围上看，绝大多数家庭从事粮食作物生产。如表 3-3 所示，全国务农家庭中，有 81.8%的家庭从事粮食作物生产，有 45.6%的家庭从事经济作物生产。此外，有 21.7%的家庭从事畜牧业生产经营，有 5.5%的家庭从事林业生产经营，有 2.5%的家庭从事渔业生产经营，有 0.5%的家庭从事其他农业生产经营。分地区来看，中部地区农业大省较多，从事粮食作物生产经营的家庭占比高达 89.4%，高出东部地区 15.3 个百分点，而西部地区草原、森林面积大，从事畜牧业生产经营的家庭较多，比例高达 40.0%。

**表 3-3　农业生产经营范围**　　单位:%

| 类别 | 全国 | 城镇 | 农村 | 东部 | 中部 | 西部 |
|---|---|---|---|---|---|---|
| 种植粮食作物 | 81.8 | 70.6 | 84.6 | 74.1 | 89.4 | 81.6 |
| 种植经济作物 | 45.6 | 44.8 | 45.8 | 47.0 | 41.9 | 48.5 |
| 林木种植和采运 | 5.5 | 5.6 | 5.4 | 6.1 | 3.9 | 6.6 |
| 畜禽饲养 | 21.7 | 15.8 | 23.2 | 7.6 | 20.7 | 40.0 |
| 水产养殖和捕捞 | 2.5 | 3.5 | 2.2 | 2.1 | 3.7 | 1.4 |
| 其他 | 0.5 | 0.4 | 0.5 | 0.2 | 0.7 | 0.5 |

### 3.1.4　劳动力投入

（1）家庭成员参与农业生产经营

对于农业家庭而言，农业生产劳动力来自两部分——家庭成员参与农业生产经营和雇佣他人。从全国总体而言，农业家庭成员参与农业生产经营人数平均为 1.9 人，非农忙季节家庭务农人数为 1.4 人，非农忙季节家庭成员参与生产经营的人数占家庭总就业人口的比例为 63.6%，农村比例高于城镇 7.1 个百分点，说明农业家庭劳动力参与农业生产经营比例普遍较高，农业生产经营仍是解决就业的重要渠道。本节数据仅描述分析有农业生产经营的家庭。

如图 3-3 所示，从家庭成员参与农业生产时间的长度看，2018 年，从全国总体来看，农业家庭成员平均有 69.8 天农忙，城镇家庭为 56.5 天，农村家庭为 73.0 天。分地区来看，东部地区家庭成员平均农忙时间最长，为 77.1 天；中部最短，为 62.4 天；而西部为 70.2 天。

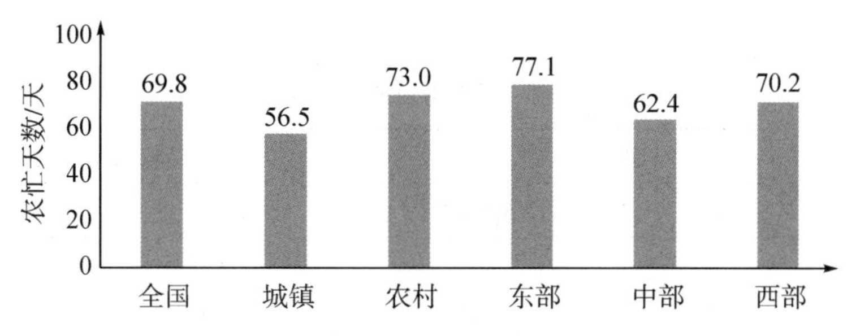


**图 3-3 家庭农业生产经营参与农忙天数**

如表 3-4 所示，农忙季节家庭务农人数（包括家庭成员及亲戚邻居等），全国总体情况为 2.6 人，城镇为 2.6 人，农村地区为 2.7 人。分地区来看，西部地区农忙季节家庭务农人数最多，为 3 人，东部、中部地区均为 2.5 人。非农忙季节家庭务农人数方面，全国总体情况为 1.4 人，城镇为 1.3 人，农村为 1.5 人。分地区来看，东部和中部为 1.4 人，西部为 1.6 人，整体人数较为平均。

**表 3-4 农业生产自我雇佣情况**

| 区域 | 家庭成员务农人数/人 | 农忙季节家庭务农人数（家庭成员+亲邻）/人 | 非农忙季节家庭务农人数/人 | 非农忙季节自我雇佣人数占家庭就业人口比例/% |
|---|---|---|---|---|
| 全国 | 1.9 | 2.6 | 1.4 | 63.6 |
| 城镇 | 1.8 | 2.6 | 1.3 | 57.9 |
| 农村 | 1.9 | 2.7 | 1.5 | 65.0 |
| 东部 | 1.9 | 2.5 | 1.4 | 62.6 |
| 中部 | 1.9 | 2.5 | 1.4 | 62.0 |
| 西部 | 2.0 | 3.0 | 1.6 | 66.6 |

（2）雇佣他人

表 3-5 显示了 2018 年农业生产经营家庭长期和短期雇佣情况。从长期雇佣农业生产劳动力人数来看，全国平均值为 7.1 人，中位数为 3 人。分城乡来看，城镇平均长期雇佣 9.5 人，农村为 5.7 人。分地区来看，东部和中部地区的家庭平均长期雇佣人数高于西部，分别为 7.8 人和 7.0 人；西部地区雇佣人数最少，为 5.6 人；各地区长期雇佣人数的中位

数相同，均为 3 人。本节数据仅描述分析有农业生产经营的家庭。

从短期雇佣农业生产劳动力人数来看，全国平均值为 9.6 人，中位数为 5 人。具体而言，农村平均短期雇佣为 10.0 人，城镇平均短期雇佣 8.0 人。分地区来看，西部地区家庭的平均短期雇佣人数最多，为 10.7 人；中、西部地区短期雇佣人数的中位数相同，且高于东部地区，均为 5 人。

**表 3-5　长期与短期雇佣劳动**　　单位：人

| 区域 | 长期雇佣人数 | | 短期雇佣人数 | |
|---|---|---|---|---|
| | 均值 | 中位数 | 均值 | 中位数 |
| 全国 | 7.1 | 3.0 | 9.6 | 5.0 |
| 城镇 | 9.5 | 5.0 | 8.0 | 4.0 |
| 农村 | 5.7 | 2.0 | 10.0 | 5.0 |
| 东部 | 7.8 | 3.0 | 8.5 | 4.0 |
| 中部 | 7.0 | 3.0 | 10.3 | 5.0 |
| 西部 | 5.6 | 3.0 | 10.7 | 5.0 |

### 3.1.5　生产经营工具使用情况

本节提及的农业生产经营工具包括抽水机、脱粒机、动力播种机、收割机、畜牧业机械、渔业机械、林业机械、其他。本节数据仅描述分析有农业生产经营的家庭。如表 3-6 所示，在购买农业生产经营工具支出等方面，全国均值为 10 609 元，中位数为 2 750 元，城镇地区均低于农村。分地区来看，中部地区农业机械花费最高，均值为 16 754 元，中位数为 3 200 元，均高于东部和西部地区。

在拥有农业机械价值方面，全国平均水平为 21 170 元，中位数为 3 000 元；分城乡来看，城镇农业机械价值均值为 64 077 元，高于农村，而中位数为 2 500 元，低于农村。分地区来看，西部地区农业家庭的农业机械价值均值和中位数最低，分别为 7 125 元和 2 500 元。

**表 3-6　农业生产工具使用情况**　　单位：元

| 区域 | 2018 年农业机械花费 | | 2018 年家庭农业机械价值 | |
|---|---|---|---|---|
| | 均值 | 中位数 | 均值 | 中位数 |
| 全国 | 10 609 | 2 750 | 21 170 | 3 000 |
| 城镇 | 7 833 | 2 500 | 64 077 | 2 500 |
| 农村 | 11 157 | 2 800 | 13 446 | 3 000 |

表3-6(续)

| 区域 | 2018 年农业机械花费 | | 2018 年家庭农业机械价值 | |
|---|---|---|---|---|
| | 均值 | 中位数 | 均值 | 中位数 |
| 东部 | 8 412 | 2 400 | 35 676 | 3 000 |
| 中部 | 16 754 | 3 200 | 21 942 | 3 500 |
| 西部 | 6 288 | 2 500 | 7 125 | 2 500 |

### 3.1.6 生产补贴与技术指导

从事农业生产的家庭购买农业保险和获得生产补贴情况如表 3-7 所示。在面对风险时所选择的规避防范措施中，全国只有 2.1%的家庭选择购买农业保险，其中城镇为 1.5%，农村为 2.2%。

在补贴金额方面，全国均值为 290.9 元，中位数为 80 元。农村和城镇获得补贴的金额差距较大，农村均值、中位数分别为 298.4 元和 80 元，城镇均值、中位数分别为 79.4 元和 100 元。

**表 3-7 农业生产补贴情况**

| 区域 | 购买农业保险的家庭占比/% | 补贴金额（均值）/元 | 补贴金额（中位数）/元 |
|---|---|---|---|
| 全国 | 2.1 | 290.9 | 80.0 |
| 城镇 | 1.5 | 79.4 | 100.0 |
| 农村 | 2.2 | 298.4 | 80.0 |

在获得农业技术指导方面，由表 3-8 可知，2019 年全国有 17.2%的家庭获得了农业技术指导。分城乡来看，农村家庭比城镇家庭获得技术指导的占比高出 4.9 个百分点。分地区来看，东部获得农业技术指导的比例略高于中部和西部。

**表 3-8 农业生产技术指导情况**　　单位:%

| 区域 | 获得农业生产指导的家庭占比 |
|---|---|
| 全国 | 17.2 |
| 城镇 | 13.3 |
| 农村 | 18.2 |
| 东部 | 17.9 |
| 中部 | 16.9 |
| 西部 | 16.8 |

## 3.2 工商业生产经营项目

### 3.2.1 参与情况

(1) 参与比例

表 3-9 统计了全国家庭参与工商业生产经营项目的情况，全国有 13.5%的家庭参与工商业经营项目。分城乡来看，工商业经营项目拥有比例差异较大，城镇为 15.9%，高出农村 6.8 个百分点。分地区来看，工商业经营项目拥有比例在 13.1%至 14.0%之间。

**表 3-9 家庭工商业生产经营参与比例** 单位:%

| 区域 | 参与比例 |
|---|---|
| 全国 | 13.5 |
| 城镇 | 15.9 |
| 农村 | 9.1 |
| 东部 | 14.0 |
| 中部 | 13.1 |
| 西部 | 13.1 |

(2) 参与动因

表 3-10 统计了家庭参与工商业经营项目的动因。在全国调查样本中，有 31.9%的家庭参与工商业的主要原因是“更灵活，自由自在”，23.2%的家庭的参与动因是“从事工商业能挣得更多”，20.3%的家庭是因为“找不到其他工作机会”，另有 12.7%的家庭是因为“理想爱好/自己想当老板”。城镇的参与动因分布与全国的分布趋势基本一致，而农村家庭参与工商业经营的首要动因是“从事工商业能挣得更多”，占比为 29.3%。

**表 3-10 家庭参与工商业经营项目的动因** 单位:%

| 原因 | 全国 | 城镇 | 农村 |
|---|---|---|---|
| 找不到其他工作机会 | 20.3 | 20.3 | 20.2 |
| 从事工商业能挣得更多 | 23.2 | 21.2 | 29.3 |
| 理想爱好/自己当老板 | 12.7 | 14.3 | 7.6 |
| 更灵活/自由 | 31.9 | 33.0 | 28.5 |
| 继承家业 | 1.8 | 1.6 | 2.5 |
| 社会责任/解决就业 | 3.3 | 3.5 | 2.8 |
| 其他 | 6.8 | 6.1 | 9.1 |

### 3.2.2 从事工商业生产经营家庭的特征

（1）户主年龄特征与工商业经营

由图 3-4 可知，户主年龄为 26～35 周岁的家庭工商业参与率最高，为 20.6%；户主年龄为 36～45 周岁的家庭工商业参与率次之，为 19.8%。从总体来看，年富力强且具有创新精神的青年家庭以及社会阅历相对丰富的壮年家庭从事工商业的比例较高。

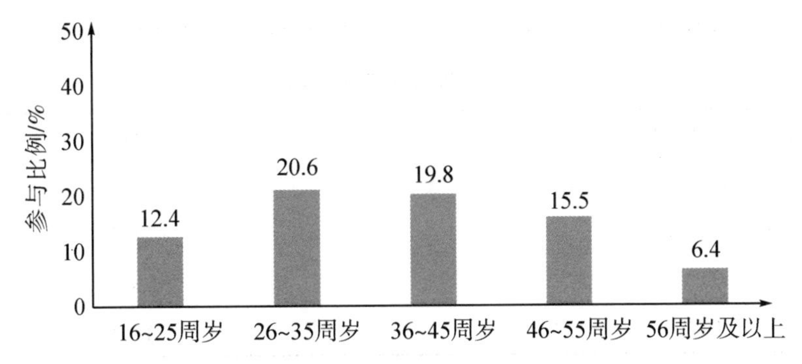


**图 3-4 户主年龄与家庭工商业生产经营参与率**

（2）户主学历特征与工商业经营

图 3-5 统计了户主学历与家庭工商业生产经营参与率情况。工商业经营参与比例随户主学历的上升，呈现先增后减的倒“U”形分布。户主为中专/职高学历的家庭创业参与比例最高，达 19.2%，紧随其后的为高中学历的户主，占比为 17.7%。户主没有上过学的家庭工商业经营参与率仅为 5.5%；户主为硕士研究生及以上学历的家庭工商业经营参与率为 5.3%。

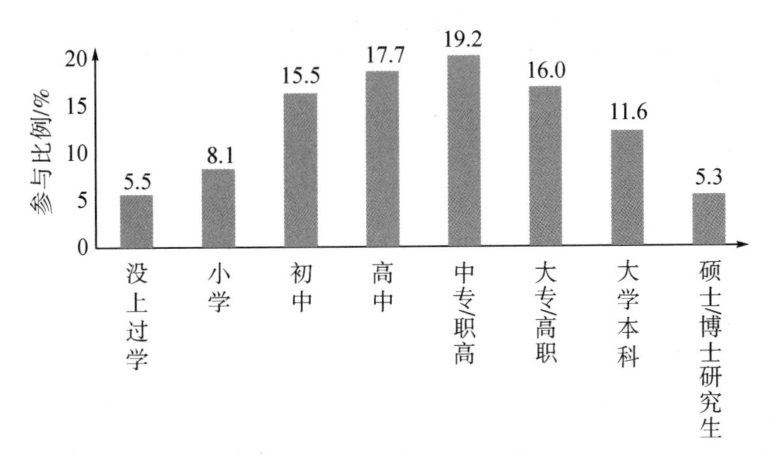


**图 3-5 户主学历与家庭工商业生产经营参与率**

### 3.2.3 工商业经营特征

（1）经营年限

表3-11统计了工商业生产经营家庭年限。数据结果显示，我国家庭从事工商业生产经营5年及以下的占比34.3%，从事工商业生产经营6~10年的占比20.2%，经营11~20年的占比28.0%，经营21年及以上的占比17.5%。被调查的工商业经营家庭平均经营年限为10.5年，中位数为8年，超过一半家庭的经营年限为10年及以下。

**表3-11　工商业生产经营年限分布**

| 经营年限/年 | 比例/% |
| --- | --- |
| 5年及以下 | 34.3 |
| 6~10年 | 20.2 |
| 11~20年 | 28.0 |
| 21年及以上 | 17.5 |

（2）组织形式

表3-12统计了家庭工商业生产经营组织形式。从全国来看，绝大多数家庭的工商业经营组织形式为个体户，占比77.5%；8.8%的家庭经营的工商业没有正规组织形式；此外还有少部分家庭的工商业经营组织形式为有限责任公司、合伙企业、独资企业和股份有限公司，比例分别为6.0%、3.9%、2.1%和1.6%。特别地，农村地区没有正规组织形式的工商业经营的比例较高，为12.1%。

**表3-12　工商业生产经营组织形式**　　单位:%

| 组织形式 | 全国 | 城镇 | 农村 |
| --- | --- | --- | --- |
| 个体户/工商户 | 77.5 | 76.2 | 81.5 |
| 没有正规组织形式 | 8.8 | 7.8 | 12.1 |
| 有限责任公司 | 6.0 | 7.7 | 0.7 |
| 合伙企业 | 3.9 | 4.0 | 3.6 |
| 独资企业 | 2.1 | 2.2 | 1.9 |
| 股份有限公司 | 1.6 | 2.1 | 0.1 |

（3）行业分布

表3-13统计了工商业生产经营的行业情况。从事批发和零售业的家庭最多，占比44.9%，城镇地区该比例为43.9%，农村地区为48.2%。全国家庭创业排名靠前的行业依次为住宿和餐饮业、居民服务和其他服务、制造业、交通运输/仓储及邮政业、建筑业、

卫生/社会保障和社会福利业、文化/体育和娱乐业、农/林/牧/渔业及信息传输/计算机服务和软件业。

**表 3-13 工商业生产经营行业分布**

单位:%

| 行业 | 全国 | 城镇 | 农村 |
| --- | --- | --- | --- |
| 批发和零售业 | 44.9 | 43.9 | 48.2 |
| 住宿和餐饮业 | 12.4 | 13.1 | 10.2 |
| 居民服务和其他服务业 | 10.7 | 11.8 | 6.9 |
| 制造业 | 6.7 | 6.0 | 8.7 |
| 交通运输、仓储及邮政业 | 5.4 | 5.2 | 5.9 |
| 建筑业 | 4.9 | 4.9 | 4.6 |
| 卫生、社会保障和社会福利业 | 2.1 | 1.9 | 2.7 |
| 文化、体育和娱乐业 | 2.1 | 2.6 | 0.50 |
| 农、林、牧、渔业 | 1.9 | 1.9 | 1.9 |
| 信息传输、计算机服务和软件业 | 1.6 | 2.0 | 0.3 |

注：此表只列举排名前十的行业。

### 3.2.4 劳动力投入

(1) 家庭成员参与情况

表 3-14 统计了家庭成员参与工商业生产经营的情况。不管是从全国总体还是分地区来看，家庭成员都积极参与工商业生产经营项目日常管理，工作时长每周均大于 6 天，且工作时长每天均为 10 小时及以上，说明家庭成员的参与积极性和参与程度普遍较高。

**表 3-14 家庭成员工商业生产经营参与情况**

| 区域 | 参与时间/天・周 | 参与时间/时・天 |
| --- | --- | --- |
| 全国 | 6.3 | 10.1 |
| 城镇 | 6.3 | 10.1 |
| 农村 | 6.1 | 10.1 |
| 东部 | 6.3 | 10.0 |
| 中部 | 6.2 | 10.3 |
| 西部 | 6.3 | 10.2 |

(2) 劳动力雇佣情况

表 3-15 统计了工商业生产经营家庭的劳动力雇佣情况。调查统计结果显示，全国有 29.8%的工商业家庭有雇佣他人劳动，且雇佣人数的中位数为 3 人。分城乡来看，城镇的

雇佣比例为32.2%，高出农村10.3个百分点；城镇平均雇佣人数为12.3人，比农村多6.5人；在雇佣人数中位数上，城镇与农村相同，均为3人。分地区来看，东部的雇佣比例和平均雇佣人数均高于中部和西部地区，各地区的雇佣人数中位数差异不大。

**表3-15　工商业生产经营家庭的劳动力雇佣情况**

| 区域 | 有雇佣的家庭占比/% | 雇佣人数均值/人 | 雇佣人数中位数/人 |
|---|---|---|---|
| 全国 | 29.8 | 11.1 | 3.0 |
| 城镇 | 32.2 | 12.3 | 3.0 |
| 农村 | 21.9 | 5.8 | 3.0 |
| 东部 | 34.0 | 13.9 | 4.0 |
| 中部 | 26.3 | 8.0 | 3.0 |
| 西部 | 26.3 | 8.1 | 3.0 |

表3-16统计了工商业生产经营家庭雇佣人数的情况。工商业经营雇佣人数在5人及以下的家庭占大多数，占比66.3%，雇佣人数在6~10人之间的家庭占比10.9%，雇佣人数在11~20人之间的有8.3%，雇佣人数在21~50人之间的只有2.7%，而雇佣51人及以上的家庭占比11.8%。

**表3-16　工商业生产经营家庭雇佣人数分布**

| 雇佣人数/人 | 所占比例/% |
|---|---|
| 5人及以下 | 66.3 |
| 6~10人 | 10.9 |
| 11~20人 | 8.3 |
| 21~50人 | 2.7 |
| 51人及以上 | 11.8 |

### 3.2.5　经营规模

表3-17从初始投资额度和工商业经营资产来分析工商业的经营规模。工商业初始投资额度均值为24.8万元，中位数为5.0万元；工商业资产均值为55.2万元，中位数为9.0万元。分城乡来看，城镇家庭初始投资额度的均值为28.4万元，经营资产均值为63.8万元，分别高出农村家庭15.1万元和36.3万元。分地区来看，东部地区工商业资产均值为71.8万元，远高于中部和西部地区；西部地区工商业初始投资额度均值为30.0万元，略高于东部地区和中部地区。

表 3-17 工商业生产经营规模　　单位：万元

| 区域 | 初始投资额度 | | 工商业资产 | |
|---|---|---|---|---|
| | 均值 | 中位数 | 均值 | 中位数 |
| 全国 | 24.8 | 5.0 | 55.2 | 9.0 |
| 城镇 | 28.4 | 6.0 | 63.8 | 10.0 |
| 农村 | 13.3 | 4.0 | 27.5 | 6.4 |
| 东部 | 27.6 | 7.0 | 71.8 | 10.0 |
| 中部 | 16.7 | 5.0 | 32.7 | 8.0 |
| 西部 | 30.0 | 4.0 | 52.6 | 6.1 |

### 3.2.6 经营效益

表 3-18 统计了工商业生产经营毛收入的情况。从全国来看，工商业生产经营毛收入均值为 52.2 万元，中位数为 6.0 万元。城镇的工商业生产经营毛收入均值为 60.2 万元，中位数为 7.0 万元，均高于农村。分地区来看，东部地区的工商业生产经营毛收入均值和中位数远高于中部和西部，分别为 78.1 万元和 8.0 万元。

表 3-18 工商业生产经营毛收入　　单位：万元

| 区域 | 均值 | 中位数 |
|---|---|---|
| 全国 | 52.2 | 6.0 |
| 城镇 | 60.2 | 7.0 |
| 农村 | 26.4 | 4.0 |
| 东部 | 78.1 | 8.0 |
| 中部 | 20.6 | 5.5 |
| 西部 | 44.0 | 4.5 |

根据表 3-19 工商业生产经营盈亏分布可知，从全国来看，从事工商业生产经营的盈利家庭占比 64.4%，亏损家庭占比 8.7%，持平家庭占比 26.9%。分城乡来看，城镇地区从事工商业生产经营的盈利家庭占比 62.9%，亏损家庭占比 8.8%，持平家庭占比 28.3%；农村地区从事工商业生产经营的盈利家庭占比 69.5%，亏损家庭占比 8.2%，持平家庭占比 22.3%；农村的盈利家庭占比高于城镇家庭。分地区来看，东部工商业生产经营的盈利家庭占比最高，为 67.6%；中部地区盈利家庭占比 63.3%；西部地区盈利家庭占比最低，为 59.8%。

表 3-19 工商业生产经营盈亏分布

单位:%

| 区域 | 盈利家庭占比 | 亏损家庭占比 | 持平家庭占比 |
|---|---|---|---|
| 全国 | 64. 4 | 8. 7 | 26. 9 |
| 城镇 | 62. 9 | 8. 8 | 28. 3 |
| 农村 | 69. 5 | 8. 2 | 22. 3 |
| 东部 | 67. 6 | 8. 2 | 24. 2 |
| 中部 | 63. 3 | 8. 9 | 27. 7 |
| 西部 | 59. 8 | 9. 2 | 30. 9 |

表 3-20 统计了工商业生产经营净利润的情况。从全国来看，工商业生产经营的净利润均值为 8. 3 万元，中位数为 3. 0 万元。城镇的工商业生产经营净利润均值为 9. 2 万元，中位数为 3. 0 万元；农村的工商业生产经营净利润均值为 5. 3 万元，中位数为 2. 0 万元。分地区来看，东部地区工商业生产经营净利润的均值和中位数最高，分别为 10. 1 万元和 3. 0 万元。

表 3-20 工商业生产经营净利润

单位：万元

| 区域 | 均值 | 中位数 |
|---|---|---|
| 全国 | 8. 3 | 3. 0 |
| 城镇 | 9. 2 | 3. 0 |
| 农村 | 5. 3 | 2. 0 |
| 东部 | 10. 1 | 3. 0 |
| 中部 | 6. 1 | 2. 5 |
| 西部 | 7. 6 | 2. 0 |

### 专题 3-1 “互联网+”农产品销售情况分析

2020 年 1 月，经国务院同意，农业农村部、国家发展和改革委员会、财政部、商务部联合向各省、自治区、直辖市人民政府和国务院有关部门印发了《关于实施“互联网+”农产品出村进城工程的指导意见》。“互联网+”农产品出村进城工程是党中央、国务院为解决农产品“卖难”问题、实现优质优价带动农民增收做出的重大决策部署，是数字农业农村建设的重要内容，也是实现农业农村现代化和乡村振兴的一项重大举措。

（1）农产品销售渠道相关分析

如表 3-21 所示，2019 年中国家庭金融调查数据显示，在开展农业生产经营的家庭中，农产品的主要销售渠道为小商贩、消费者上门购买和自家摆摊，而网络销售作为新兴农产品销售渠道占比最低。从总体来看，需进一步推动“互联网+”农产品出村进城工作，加强网络销售渠道对农产品的支持力度。

**表 3-21　农产品销售渠道占比情况**　　单位:%

| 销售渠道（可多选） | 农产品销售渠道占比 |
| --- | --- |
| 小商贩 | 63.2 |
| 消费者上门购买 | 18.7 |
| 自家摆摊（有无摊位都算） | 9.2 |
| 企业或公司 | 5.8 |
| 其他 | 3.6 |
| 政府/粮库 | 3.2 |
| 合作社 | 2.8 |
| 养殖户 | 2.3 |
| 网络销售 | 0.7 |

（2）“互联网+”农产品销售情况分析

如表 3-22 所示，在网络对于农产品销售的影响力分析中，可利用网络平台进行推介宣传是网络对农产品销售的最主要影响；同时，开设网店在平台上进行销售、成为网上零售商的共赢农户、利用网络了解市场信息等也是网络给农产品销售带来的积极作用。

**表 3-22　网络对农产品销售的主要影响**　　单位:%

| 影响 | 占比 |
| --- | --- |
| 成为网上零售商的共赢农户 | 9.9 |
| 开设网店在平台上进行销售 | 21.3 |
| 利用网络平台进行推介宣传 | 41.0 |
| 网站或建立 App 进行农产品销售 | 3.3 |
| 在网店网站代销其他农户产品 | 4.9 |
| 利用网络了解市场信息 | 9.8 |
| 其他 | 9.8 |

在通过网络销售农产品的过程中，82.5%的网络销售主要由受访者本人和其他家庭成员进行安排，由亲戚/邻居、合作社/公司安排的分别为 12.7%和 1.6%，村集体统一安排未得到相关反馈。具体见图 3-6。

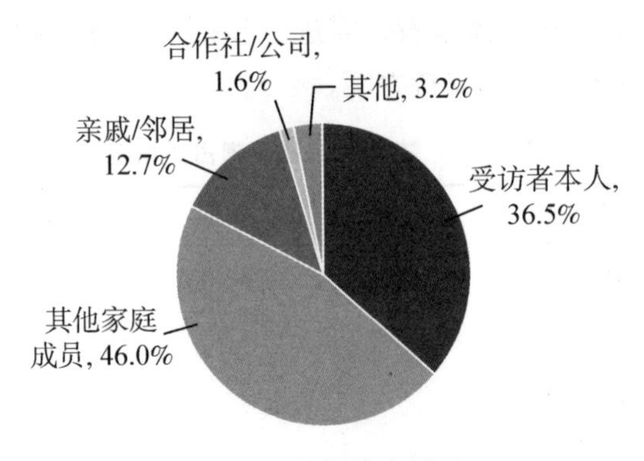


图 3-6　网络销售安排情况

如表 3-23 所示，在开始网络销售农产品年份分析中，85%的家庭在 2016 年之后开始使用互联网进行农产品网络销售，尤其是 2018 年首次使用网络销售的家庭占比达到 33. 3%。

表 3-23　开始采用网络销售农产品的年份　　单位:%

| 年份 | 占比 |
|---|---|
| 2012 | 1. 6 |
| 2014 | 6. 3 |
| 2015 | 6. 3 |
| 2016 | 19. 1 |
| 2017 | 28. 6 |
| 2018 | 33. 3 |
| 2019 | 4. 8 |

如图 3-7 所示，在网络销售农产品的电子商务平台分析中，微信占比 59. 7%，是农产品网络销售最主要的渠道；淘宝/天猫占比 15. 8%，也是农产品销售的重要平台。

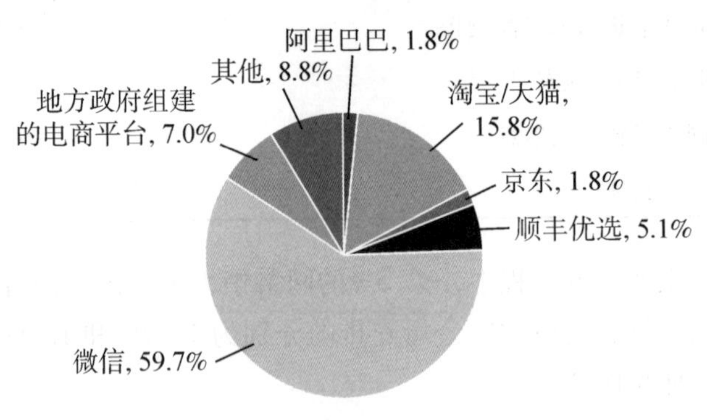


图 3-7　网络销售农产品的电子商务平台分布情况

如图 3-8 所示，在网络销售农产品收款方式分析中，第三方支付平台为最主要的收款方式，占比 72. 1%；货到付款、网银等收款方式相对较少。究其原因，第三方支付平台产品如支付宝、微信支付、百度钱包等因其具有相对安全、使用便利、支付成本较低等优点，在农产品网络销售中成为主要的支付方式。

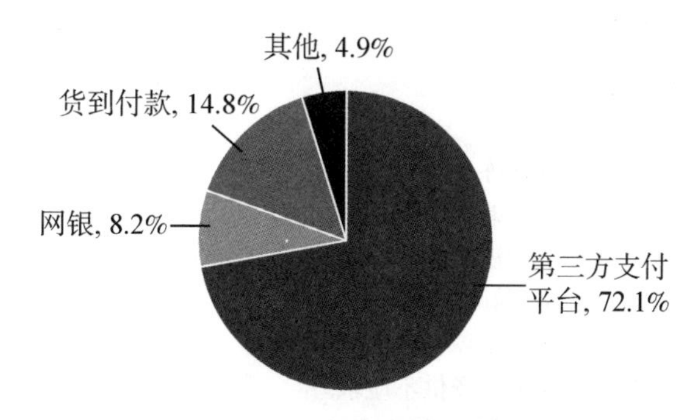


**图 3-8 网络销售农产品所采用的收款方式**

如图 3-9 所示，在网络销售农产品货款回款周期分析中，利用互联网销售农产品，从发出货物到收回货款平均需要 8. 3 天，较非网络销售方式缩短 13. 2 天。

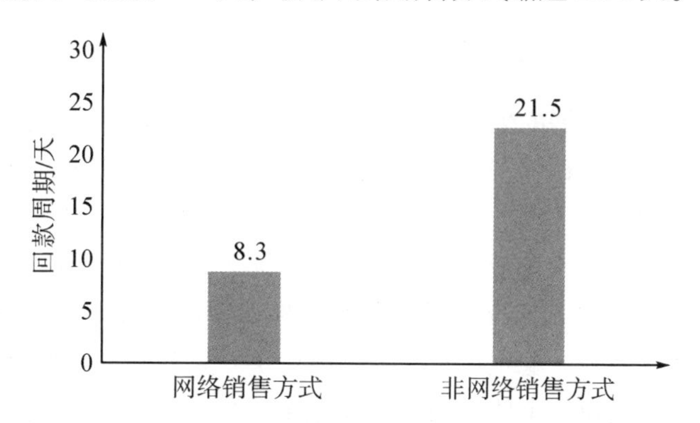


**图 3-9 网络销售与非网络销售农产品货款回款周期**

互联网销售农产品问题/障碍分析如表 3-24 所示。在采用网络进行农产品销售的家庭中，26. 7%的受访户未遇到过任何问题（仅限使用网络销售部分），农产品储存、运输困难，农作物重量相对较大，物流成本较高为网络销售过程中遇到过的重要问题，占比均为 18. 3%。未采用网络进行农产品销售的家庭，其没有采用网络销售的最主要原因是自身网络操作技能不够熟练，占比 51. 6%；同时，自身规模过小，没有必要进行网上销售以及网络基础设施落后等也是影响受访户利用互联网进行农产品销售的重要原因。

表 3-24　互联网销售农产品的相关问题/障碍分析　　单位:%

| 类别 | 网络销售遇到过的主要问题 | 未采用网络销售的主要障碍 |
|---|---|---|
| 农产品储存、运输困难 | 18.3 | 4.5 |
| 农产品缺乏标准化 | 3.3 | 1.0 |
| 农作物重量相对较大，物流成本较高 | 18.3 | 1.4 |
| 网络基础设施落后 | 1.7 | 5.3 |
| 网络交易安全性差 | 1.7 | 1.5 |
| 自身网络操作技能不够熟练 | 1.7 | 51.6 |
| 网络平台专业性、实用性差 | 1.7 | 1.1 |
| 包装、品牌宣传等市场营销环节知识技能不够 | 6.7 | 0.9 |
| 网络平台收费高，销路不好 | 6.7 | 0.8 |
| 网上与客户交流太费时间，无法支撑客服 | 0.0 | 0.3 |
| 网上销售比线下销售价格低，而线下市场供不应求 | 3.3 | 1.0 |
| 自身规模过小，没有必要进行网上销售 | 6.7 | 19.8 |
| 其他 | 3.3 | 10.4 |
| 未遇到过任何问题 | 26.7 | 0.4 |

### 专题 3-2　2019 年增值税改革对小微企业的影响

小微企业是我国经济发展的生力军，是重要的就业岗位提供方，是未来经济发展的新动能。我们据 2015 年中国家庭金融调查的数据测算，小微企业 2014 年创造了约 19.08 亿元财富，占 GDP（国内生产总值）的 30%左右，提供了约 2.37 亿个就业岗位，占总就业人口的 30%左右。然而，在全球经济不景气的大背景下，小微企业的经营状况日益恶化，盈利的小微企业的比重由 2014 年第一季度的 64.4%下降到 2017 年第一季度的 33.3%。在此大背景下，为了扩大就业，稳定增长，国家出台了一系列减税降费政策，并于 2019 年 1 月 9 日决定，将小微企业、个体工商户和其他个人的小规模纳税人的增值税起征点由 3 万元提高到 10 万元。这一政策无疑会大大减轻小微企业的税费负担，促进小微企业发展。已有研究表明，税收优惠能够促进企业创立、刺激投资、激励研发投入等，从而在短期和长期都能促进经济发展（Gordon，1998；Hall，1993；Hall、Jorgenson，1967；King、Rebelo，1990）。而这一政策具体将如何影响小微企业以及我国的宏观经济呢？下面基于中国小微企业调查数据，从多角度对这一问题进行分析测算。

（1）我国小微企业概览

为了让读者对我国的小微企业有个大致了解，我们先对我国小微企业的一些基本情况进行大致描述。我们按照工信部、国家统计局、国家发展和改革委员会、财政部联合发布的中小企业划型标准的规定，根据企业从业人员、营业收入、资产总额等指标，结合行业特征对小微企业进行界定。同时，国家市场监督管理总局指出，在我国，个体工商户视作小型微型企业。所以按组织形式，此处把小微企业划分为个体工商户和法人小微企业。

从表 3-25 可以看出，我国经营小微企业的家庭数量逐年增加，比重逐年上升，东部地区家庭小微企业的占比高，中、西部地区家庭小微企业的发展快。

**表 3-25 经营小微企业家庭**

| 年份 | 调查样本量/户 | 小微企业样本数量/户 | 全国/% | 东部/% | 中部/% | 西部/% |
|---|---|---|---|---|---|---|
| 2011 | 8 438 | 1 178 | 13.96 | 15.83 | 11.05 | 11.47 |
| 2013 | 28 142 | 3 968 | 14.1 | 15.1 | 12.79 | 13.75 |
| 2015 | 37 289 | 6 059 | 16.25 | 17.36 | 14.85 | 15.67 |
| 2017 | 40 011 | 6 710 | 16.77 | 17.3 | 16.88 | 15.68 |

我们由调查数据统计发现：①小微企业的主要组织形式为个体工商户，占比大致为 90%。在法人小微企业中，组织形式主要是合伙企业，占比 4.5%左右。②小微企业主要集中于技术含量以及进入门槛较低的行业。接近一半的企业从事批发零售业务，其次为餐饮住宿。③关于小微企业的规模，在 2015 年和 2017 年，95%左右的小微企业月销售额低于 10 万元，而其中月销售额在 5 000 元以下的小微企业占比最大，超过 50%。④此外，我们还考察了小微企业的出生率即新创立企业占年末企业数量的比重、死亡率即退出市场企业数量占年初企业数量的比重，发现 2013—2015 年，小微企业的出生率为 41.53%，平均每年有 20.77%的小微企业成立。2015—2017 年为 48.10%，较前两年有所增加。两个时间段的死亡率分别为 33.42%和 40.56%。⑤小微企业的税费负担较重。这部分主要是由小微企业税费负担不合理，增值税、营业税小规模纳税人规定造成的重复征税等导致的（张斌，2015）。具体见表 3-26。

**表 3-26 小微企业与上市公司税费负担比较**

| 类别 | 小微企业 | | 上市公司 |
|---|---|---|---|
| | 法人小微企业 | 个体工商户 | |
| 纳税额/万元·年 | 16.5 | 1.9 | 30 400 |
| 营业收入/万元·年 | 422.6 | 28.2 | 1 230 000 |
| 总资产/万元 | 484.7 | 33.2 | 6 170 000 |
| 纳税额占营业收入比重/% | 0.039 | 0.067 | 0.025 |
| 纳税额占总资产比重/% | 0.034 | 0.057 | 0.005 |

注：数据年份均为 2014 年。小微企业数据源于中国小微企业调查数据，上市公司数据源于锐思金融数据库。

基于上述统计描述，读者对我国小微企业的基本情况应该有了大致了解。下面对增值税起征点提高政策的实施效果进行评估分析。

（2）起征点提高产生的经济影响评估

①受惠小微企业数量与税收优惠规模测算

中国小微企业调查数据库中有企业年营业额记录，根据此数据，我们可以估算采用不同起征点时，小微企业应该缴纳的增值税额以及需缴纳增值税企业的数量。表 3-27 展示了设置不同起征点时，小微企业平均缴纳的增值税额、能够征收到的小微企业增值税的总税额、需要缴税的企业占比、与起征点 3 万元相比的税收优惠额。

**表 3-27　不同起征点下小微企业应缴纳的增值税及税收优惠规模**

| 起征点/万元 | 平均增值税/元·户 | 小微企业总数/万户 | 增值税总额/亿元 | 起征点以下的企业占比 | 税收优惠额(与起征点3万元相比)/亿元 |
|---|---|---|---|---|---|
| 3 | 15 944 | 6 530 | 10 412 | 0.857 | 0 |
| 5 | 15 147 | 6 530 | 9 891 | 0.901 | 521 |
| 7 | 14 485 | 6 530 | 9 458 | 0.922 | 954 |
| 10 | 13 510 | 6 530 | 8 822 | 0.947 | 1 590 |
| 12 | 13 209 | 6 530 | 8 626 | 0.952 | 1 786 |
| 15 | 12 774 | 6 530 | 8 341 | 0.96 | 2 071 |
| 20 | 12 052 | 6 530 | 7 870 | 0.968 | 2 542 |

注：

（1）应纳营业税、增值税及附加=营业收入（销售额）×征收率。小规模纳税人营业税、增值税征收率为3%。增值税附加税费包含城建税、教育费附加。城建税实行地区差别比例税率，其中所在地区为市区的，按照营业税或增值税的7%收取，县城和镇为5%，农村为1%。教育费附加，按照营业税或增值税的3%收取。为便于计算，我们采用综合征收率4%进行计算。

（2）小微企业总数根据家庭总数和经营工商业家庭比重推算。根据国家统计局数据，全国约有 4.091 亿户家庭，2015 年约有 16.25%的家庭经营小微企业，由此推算出全国约有 6 530 万户小微企业。

②对小微企业吸纳就业的影响

小微企业的健康发展，对就业岗位的稳定和增加有重要影响。增值税起征点提高至少可以从以下两种渠道影响就业：第一，纳税额减少，可能会使小微企业扩大生产，从而增加雇佣员工数量。第二，起征点提高后，小微企业的经营成本降低，有助于降低小微企业的死亡率，从而减少失业。

a. 扩大生产经营渠道的影响测算

已有研究表明，减税会影响企业的投资行为。申广军等（2016）的研究表明，减税 1 元平均可以促进企业增加投资 1.63 元。假设小微企业把减免的税费全部用于扩大再生产，

1 元减税拉动 1 元投资。同时，减税总额以及小微企业的平均资本劳动比（基于小微企业数据）为 6 万元/人。通过计算可以发现，起征点由 3 万元提高到 10 万元，基于以上假设，减税额 1∶1 带动投资，将使投资增加 1 590 亿元，就业岗位增加 264.97 万个。

b. 死亡率减少渠道的影响测算

进一步，我们通过计量模型，估计了经营成本变化和小微企业死亡率变化的关系，并以此推算出不同起征点水平下，小微企业的年平均死亡率，而后进一步估算出不同起征点水平下，企业死亡导致的失业人数。而后估算此次起征点从 3 万元提高到 10 万元后，失业人数减少了 19.08 万。

综合以上两个渠道，我们可以发现，小微企业增值税起征点从 3 万元提高到 10 万元，从短期来看会使政府税收减少 1 590 亿元，就业岗位增加 284.05 万个。这相当于政府平均投入 5.6 万元创造 1 个就业岗位，远低于创造一个岗位所需的固定资产投资即 40 万～70 万元（姚先国、李晓华，2004）。

③提高起征点促进经济增长

在起征点提高促进就业的同时，还能够提高全社会的经济总产出。我们首先依据现有数据参考收入法计算出小微企业人均创造的社会财富，而后再根据上面测算出的就业岗位增加数，估算出该政策带来的社会财富的增加额为 2 287 亿元，相当于拉动 0.25%的经济增长，按照 2018 年 GDP 增长率 6.6%计算，其贡献为 3.79%左右。

（3）进一步的建议

由上文分析可知，小微企业增值税起征点提高，有效减轻了企业负担，并可通过促进投资、增加就业岗位来拉动经济增长。但是，增值税采用的起征点政策，会导致起征点附近的企业的税收负担发生跳跃，造成局部税收负担不平等。同时还容易造成征纳矛盾和权力寻租。因此，为了进一步完善小微企业增值税征税制度，促进税收公平，支持小微企业发展，建议调整起征点制度为免税额制度，这样企业只需为超过免税额的部分缴税，还可以进一步扩大对小微企业的税收减免。据调查数据估计，修改之后，会有约 346.09 万户小微企业获得减税，优惠规模达 1 661 亿元。

综上所述，小微企业规模小、数量多、市场活力大，在提供就业机会、推动经济持续发展方面发挥着重要作用。然而，在全球经济疲软的大环境下，其面临的经营压力日益增大也是不争的事实。国家 2019 年 1 月出台的提高小微企业增值税起征点的政策能够有效降低小微企业的经营成本，带动就业，并进一步促进经济发展。

参考文献

[1] GORDON R H. Can High Personal Tax Rates Encourage Entrepreneurial Activity? [J]. Staff Papers, 1998, 45 (1): 49-80.

[2] HALL H B. R&D Tax Policy During the 1980s: Success or Failure? [J]. Tax Policy

and the Economy, 1993 (7): 1-35.

[3] HALL R, JORGENSON D. Tax Policy and Investment Behavior [J]. American Economic Review, 1967, 3 (57): 391-414.

[4] KING R G, REBELO S. Public Policy and Economic Growth: Developing Neoclassical Implications [J]. Rcer Working Papers, 1990, 98 (5): 126-150.

[5] 张斌. 构建扶持小微企业发展的税费政策体系 [J]. 税务研究, 2015 (5): 7-12.

[6] 申广军, 陈斌开, 杨汝岱. 减税能否提振中国经济?: 基于中国增值税改革的实证研究 [J]. 经济研究, 2016 (11): 70-82.

注：本专题主要内容来自西南财经大学中国家庭金融调查与研究中心研究人员合作撰写并发表于《管理世界》2019 年第 11 期上的论文《小微企业增值税起征点提高实施效果评估》，具体内容可参见原文。

# 4 家庭房产

## 4.1 家庭房产拥有情况

### 4.1.1 家庭房产拥有基本情况

住房拥有率指拥有自有产权住房的家庭占全部家庭的比例。表 4-1 描述了我国近年来家庭住房拥有率情况。从全国来看，我国家庭住房拥有率超过 90%，较为稳定。其中，2019 年全国家庭住房拥有率为 90.4%，城镇家庭住房拥有率为 87.5%，农村家庭住房拥有率为 95.8%。与 2015 年、2017 年数据对比，可以发现我国城镇地区和农村地区住房拥有率均有所下降。

**表 4-1 家庭住房拥有率比较** 单位:%

| 区域 | 2011 年 | 2013 年 | 2015 年 | 2017 年 | 2019 年 |
|---|---|---|---|---|---|
| 全国 | 90.0 | 90.8 | 92.7 | 92.8 | 90.4 |
| 城镇 | 84.8 | 87.0 | 90.3 | 90.2 | 87.5 |
| 农村 | 96.0 | 96.4 | 96.6 | 97.2 | 95.8 |

从收入水平[①]来看，如图 4-1 所示，不同收入家庭住房拥有率均超过 85%，并且家庭收入水平越高，住房拥有率越高。76%~100%收入最高的家庭中，住房拥有率为 93.4%；而 0~25%收入最低的家庭中，住房拥有率也达到了 88.1%。

### 4.1.2 多套房拥有率

多套房拥有率指拥有多套自有住房家庭占所有家庭的比例。如图 4-2 所示，我国城镇家庭多套房拥有率先升后降。2019 年我国城镇家庭多套房拥有率为 21.1%，相较于 2015

① 收入组划分：收入阶层可按家庭收入分位数 0~20%、21%~40%、41%~60%、61%~80%、81%~100%分为低收入、较低收入、中等收入、较高收入、高收入五个组别；或者分为四个组别：0~25%收入最低家庭、26%~50%收入较低家庭、51%~75%收入较高家庭、76%~100%收入最高家庭；或者分为三个组别：0~20%低收入家庭、21%~80%中等收入家庭、81%~100%高收入家庭。文中在相应位置已经有明确标识。

年的 21.2%和 2017 年的 22.1%均略有降低。

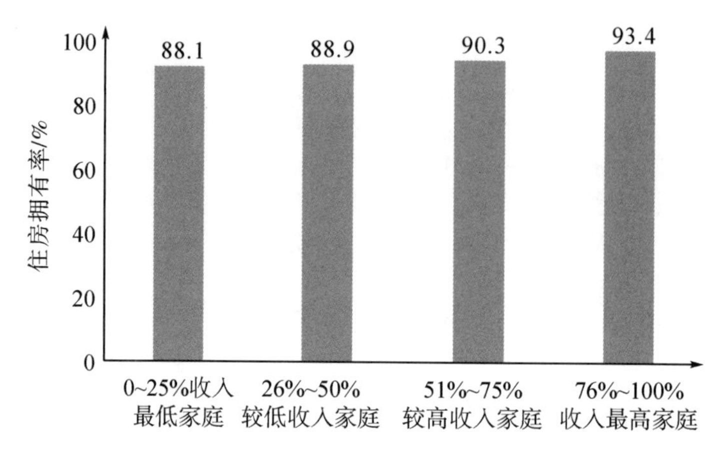


图 4-1　不同收入家庭住房拥有率

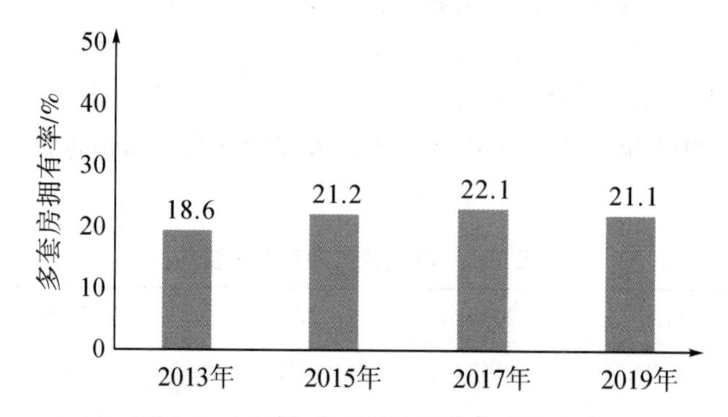


图 4-2　不同年份城镇家庭多套房拥有率

我国城镇地区多套房拥有率在不同地区之间表现出显著的差异。如图 4-3 所示，2019 年我国东部地区多套房拥有率为 23.7%，高于全国平均水平；中部地区多套房拥有率为 17.6%，在三个地区中占比最低；西部地区该比例为 20.6%，高于中部地区 3 个百分点。

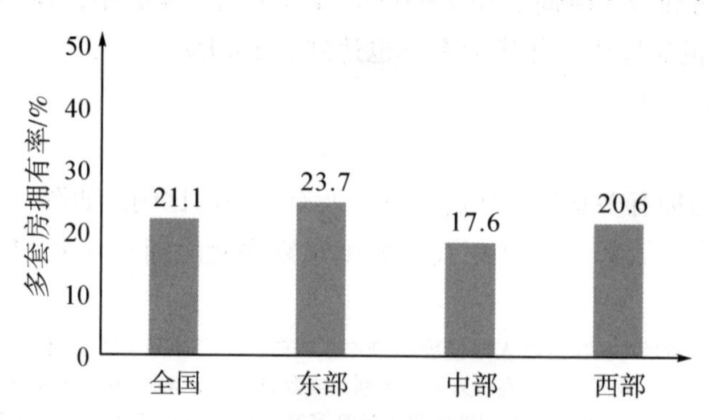


图 4-3　不同地区城镇家庭多套房拥有率

如图4-4所示，从全国来看，家庭收入水平越高，多套房拥有率越高。76%~100%收入最高家庭的多套房拥有率达到35.3%，而0~25%收入最低家庭的多套房拥有率仅为7.7%。

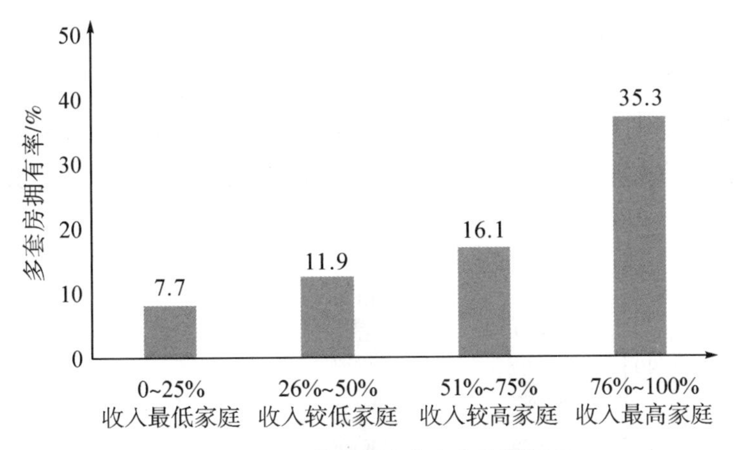


**图4-4 不同收入组家庭多套房拥有率**

如图4-5所示，对比分析不同收入组家庭各年份多套房拥有率，2019年样本中，从全国来看，0~25%收入最低家庭、50%~75%收入较高家庭以及76%~100%收入最高家庭中多套房拥有率较2013年均有所上升，较2015年和2017年均有所下降，26%~50%收入较低家庭的多套房拥有率则较2013年和2015年有所上升，较2017年略有下降。

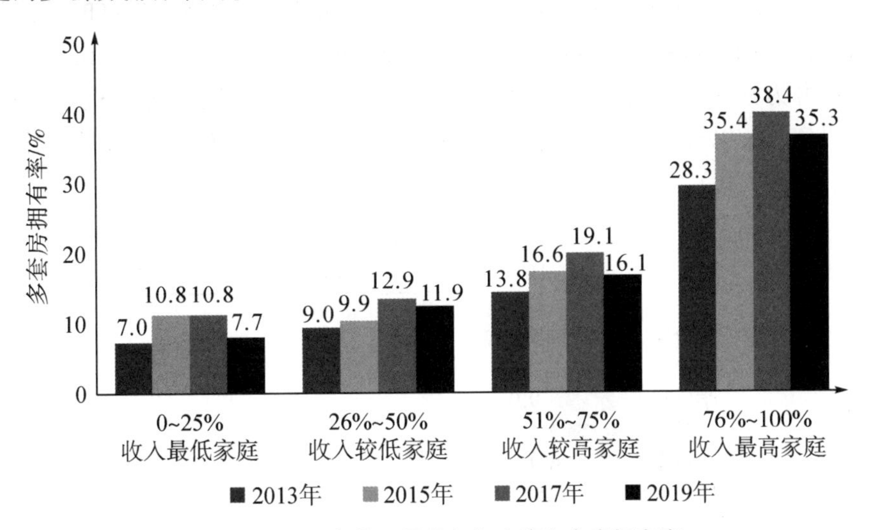


**图4-5 不同年份不同收入组家庭多套房拥有率**

## 4.2 家庭房产消费特征

### 4.2.1 购房动机

2019 年新购住房的家庭中，超过一半家庭已经拥有自有住房。如图 4-6 所示，2019 年购房时为首套房的家庭占比 40.9%，为二套房的家庭占比 48.4%，为三套或以上住房的家庭占比 10.7%。

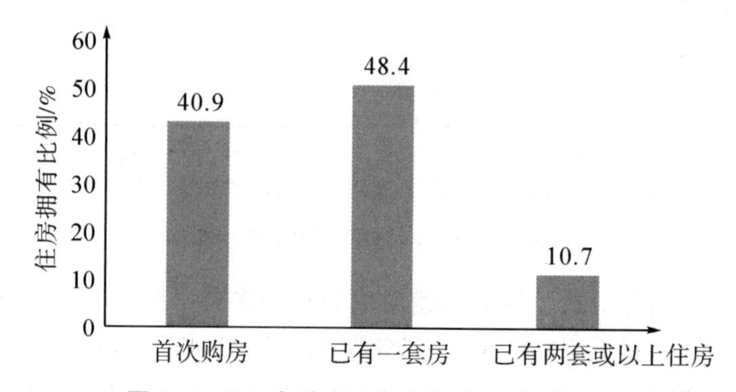


**图 4-6　2019 年购房家庭购房时住房拥有情况**

如图 4-7 所示，分析近两年新购住房家庭的购房动机分布情况，家庭的最主要购房动机为改善住房，占比 32.4%；其次是以结婚/分家为购房动机的家庭，占比 17.3%；再次是以拆迁换房为购房动机的家庭，占比 14.0%；最后是其他购房动机，包括学区房（9.0%）、投资（6.9%）、养老/度假（6.5%）、人房分离（4.7%）和以前无房（2.1%）以及其他原因（7.1%）。

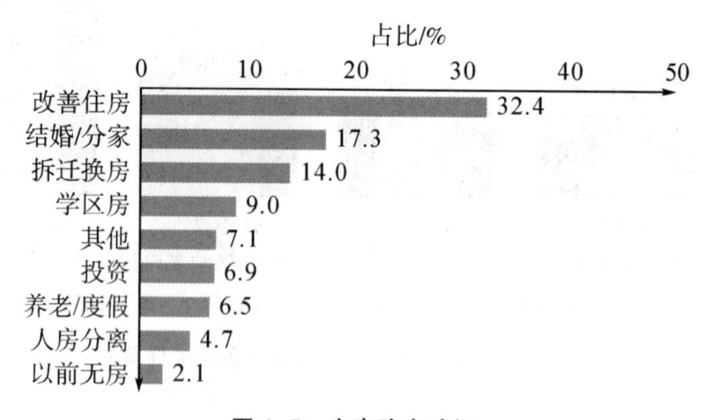


**图 4-7　家庭购房动机**

### 4.2.2 城镇地区房屋获得方式

2019 年调查数据显示，在城镇家庭中，购买商品房是获得住房的最主要方式，占比 39.9%；其次是自建/扩建方式，占比 27.8%；安置房占比 10.5%；从单位获得占比 9.6%；继承或赠予占比 4.8%；政策性住房占比 3.5%；获得住房方式为集资建房和小产权房的占比较低，分别为 1.3%和 1.1%。具体见图 4-8。

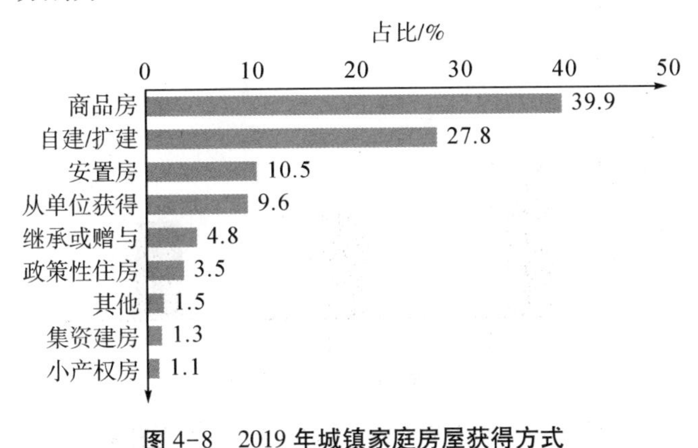


**图 4-8　2019 年城镇家庭房屋获得方式**

## 4.3　中国家庭小产权房

### 4.3.1 小产权房拥有基本情况

图 4-9 描述了我国城乡家庭小产权房拥有率情况。根据中国家庭金融调查数据，对比分析城乡小产权房拥有率，2019 年城镇、农村家庭之间的小产权房拥有率均为 3.7%，比 2017 年均有所下降。

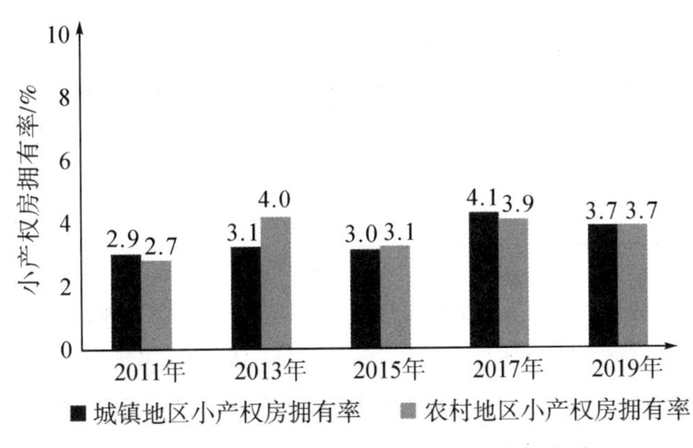


**图 4-9　2011—2019 年城乡小产权房拥有率**

### 4.3.2 小产权房地区分布情况

图 4-10 为 2019 年城乡不同地区小产权房拥有率情况。在城镇地区，东部地区家庭的小产权房拥有率最高，为 4.2%；中部地区次之，为 3.4%；西部地区最低，为 3.1%。而在农村地区，西部地区家庭小产权房拥有率高达 4.8%，高于东部地区的 4.0%和中部地区的 2.6%。

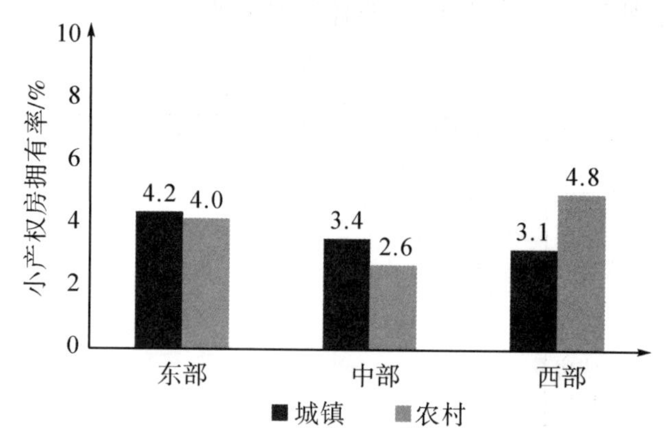


**图 4-10 2019 年城乡不同地区小产权房拥有率**

## 4.4 家庭财富配置中的房产

### 4.4.1 房屋资产占比情况

房产在家庭总资产和净资产中的占比较大。如表 4-2 所示，城镇地区房产占家庭总资产的比例为 70.0%，同时房产价值占家庭净资产的比例为 83.3%；农村地区房产占家庭总资产的比例为 58.2%，同时房产价值占家庭净资产的比例为 88.5%。

**表 4-2 2019 年房产价值占家庭资产的比例** 单位:%

| 区域 | 房产价值占家庭总资产比例 | 房产价值占家庭净资产比例 |
|---|---|---|
| 城镇 | 70.0 | 83.3 |
| 农村 | 58.2 | 88.5 |

如图 4-11 所示，对比分析不同地区房产占家庭总资产比例，可以发现在城镇地区，东部地区的房产占家庭总资产的比例（71.7%）明显高于中部地区（67.8%）和西部地区（69.0%）；而在农村地区，东部地区的房产占家庭总资产的比例（56.3%）则略低于中部地区（58.9%）和西部地区（59.7%）。

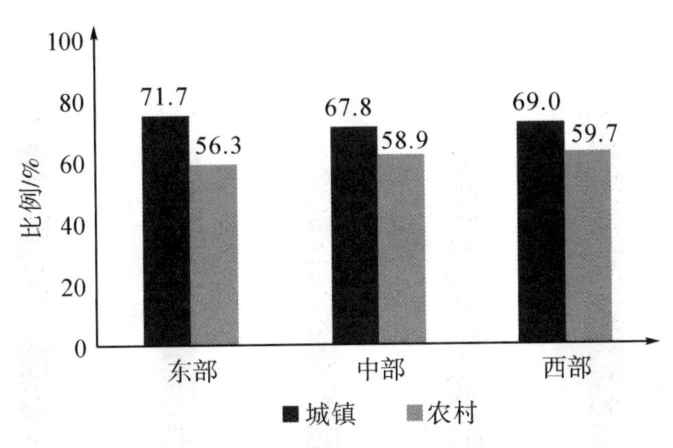


图 4-11 不同地区房产占家庭总资产比例

如图 4-12 所示，从不同收入水平的差异来看，无论是城镇还是农村，收入较低家庭房产占家庭总资产的比例均较高。在城镇家庭中，房产占家庭总资产比例最高的为 25%~50%的收入较低家庭，占比 73.4%。在农村家庭中，房产占家庭总资产比例随着收入的降低而升高，0~25%收入最低家庭的该比例最高，为 61.8%。

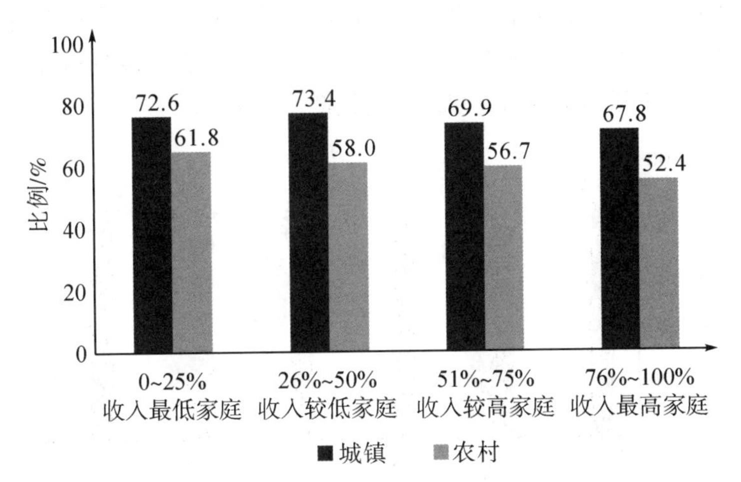


图 4-12 不同收入组家庭的房产占家庭总资产的比例

### 4.4.2 户主特征差异

从户主年龄差异来看，在城镇地区，家庭房产占家庭总资产的比例在 25 周岁及以下、26~35 周岁和 56 周岁及以上这三个区间占比较高，分别为 75.0%、71.6%以及 73.9%。在农村地区，25 周岁及以下的户主的房产占家庭资产的比例最高，为 67.8%，其次为 56 周岁及以上的户主，其房产占总资产的比例为 60.3%。具体见图 4-13。

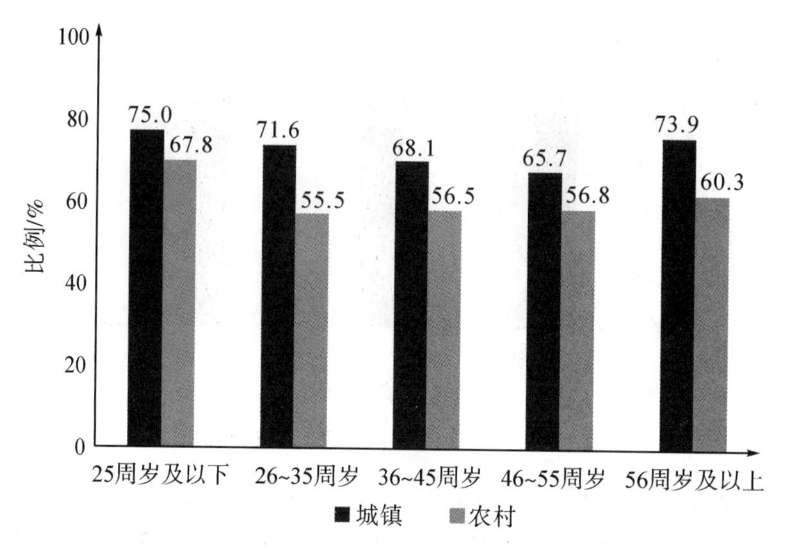


**图 4-13　户主年龄与家庭房产占家庭总资产的比例**

如图 4-14 所示，从户主受教育水平差异来看，城镇地区家庭房产占总资产比重与户主受教育程度呈现出“U”形关系，户主未上过学、硕士及以上家庭房产占总资产的比重较高，分别为 80.8%、76.3%。而在农村地区，总体上受教育程度越高其房产占家庭总资产比例越低，户主为本科学历的家庭房产占比最低，为 48.8%。

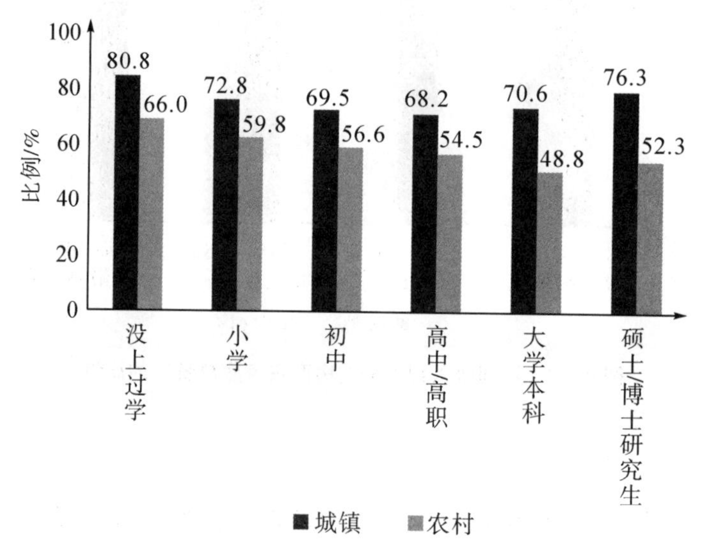


**图 4-14　户主受教育水平与家庭房产占家庭总资产的比例**

注：图中“高中/高职”合并了问卷中的三个选项，分别为高中、中专/职高、大专/高职，本书后面章节中的“高中/高职”也做类似处理，不再赘述。

### 4.4.3 其他投资差异

从家庭工商业项目持有情况来看，拥有工商业项目的家庭，其房产占家庭总资产的比例较低。城镇地区从事工商业生产经营的家庭中住房资产占比 57.4%，而未从事工商业生产经营的家庭中这一比例为 72.4%，明显更高；农村地区从事工商业生产经营的家庭住房资产占比 47.3%，未从事工商业生产经营的家庭住房资产占比 59.3%，比重更高。具体见图 4-15。

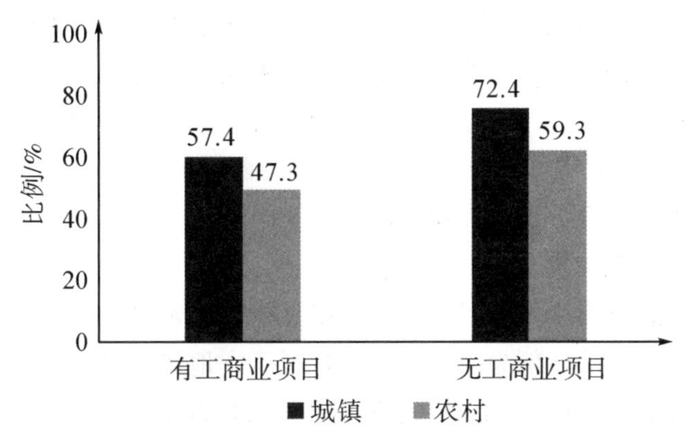


图 4-15　有无工商业项目与家庭房产占家庭总资产的比例

从家庭是否持有股票账户的差异来看，拥有股票账户的家庭，其房产占家庭总资产的比例较低。在城镇地区，有股票账户的家庭房产占总资产的比例为 66.8%，低于无股票账户家庭的 70.3%；在农村地区，有股票账户的家庭房产占总资产的比例为 43.7%，低于无股票账户家庭的 58.3%。具体见图 4-16。

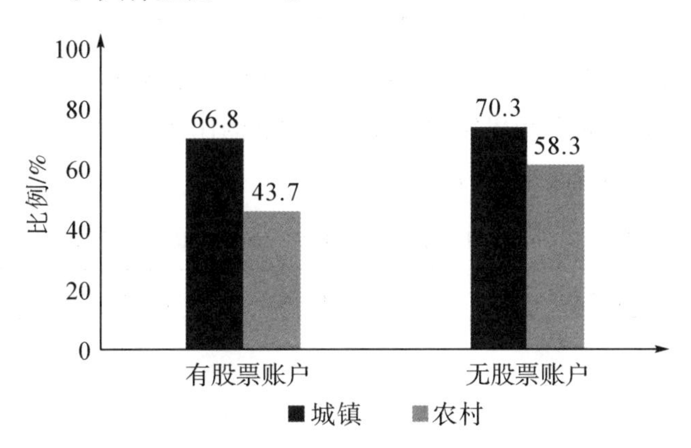


图 4-16　有无股票账户与家庭房产占家庭总资产的比例

### 专题 4-1　新市民住房问题

改革开放 40 多年来，我国社会经济快速发展，城镇化水平也快速提高。据统计，1978—2017 年，我国城镇化率从 17.9%上升为 58.5%。其中 2017 年户籍人口城镇化率为 42.4%，大量农村户籍人口在城镇工作和生活。除此之外，城镇户籍人口跨城镇流动也越来越频繁，这两类人口构成了新市民①这个特殊群体。但受城乡二元分割体制的影响，很多新市民无法享受与户籍居民同等的城市公共服务和优惠政策，住房领域问题尤为突出。

2018 年 3 月至 5 月，住房公积金监管司组织住房公积金行业并联合西南财经大学，在全国范围内开展了新市民住房问题调查。本次调查涵盖不同行业、单位、年龄、受教育程度的样本，调查涉及全国 31 个省（自治区、直辖市，不含港、澳、台地区）、338 个城市、778 个区县。我们以此次调查数据为基础，并与西南财经大学中国家庭金融调查 2017 年数据进行比对，进行全面分析，发现了以下几个问题：

（1）新市民的住房自有率较低

城镇家庭居住形式分为三类：居住自有房屋、租住他人房屋和免费居住他人房屋。新市民家庭中居住自有住房的比例为 40.8%，远远低于本地居民家庭的 86.8%。租房是新市民家庭的主要居住方式，占比 52.1%，比本地居民家庭高 43.1 个百分点。具体见表 4-3。

**表 4-3　新市民、本地居民家庭的居住方式**　　单位:%

| 居住方式 | 新市民 | 本地居民 |
|---|---|---|
| 自有 | 40.8 | 86.8 |
| 租赁 | 52.1 | 9.0 |
| 免费居住 | 7.1 | 4.2 |

从户籍来看，城镇户籍新市民家庭居住自有住房的比例为 49.4%，远低于本市城镇户籍家庭的 85.6%；农村户籍新市民家庭居住自有住房的比例为 37.7%，同样远低于本市农村户籍家庭的 89.7%。具体见表 4-4。

**表 4-4　不同种类新市民、本地居民家庭的居住方式**　　单位:%

| 居住方式 | 本市城镇户籍 | 城镇户籍新市民 | 本市农村户籍 | 农村户籍新市民 |
|---|---|---|---|---|
| 自有 | 85.6 | 49.4 | 89.7 | 37.7 |
| 租赁 | 9.7 | 42.0 | 7.5 | 55.7 |
| 免费居住 | 4.7 | 8.6 | 2.9 | 6.6 |

① 针对“新市民”这一群体，本次调查将其界定为在城镇地区居住六个月以上的流动人口，包括跨市（直辖市或地级市）流动的城镇户籍居民和农村户籍居民以及市内跨区县流动的农村户籍居民。

从城市发展水平来看，随着城市经济发展速度的降低，新市民家庭居住自有住房的比例逐渐升高，一、二、三、四线城市分别为24.3%、36.5%、53.1%、75.5%，而租赁居住的比例则呈递减趋势，分别为69.4%、55.5%、40.5%、18.8%。具体见表4-5。

**表4-5 新市民、本地居民家庭居住方式（分城市）** 单位:%

| 居住方式 | 一线 | | 二线 | | 三线 | | 四线 | |
|---|---|---|---|---|---|---|---|---|
| | 新市民 | 本地居民 | 新市民 | 本地居民 | 新市民 | 本地居民 | 新市民 | 本地居民 |
| 自有 | 24.3 | 80.9 | 36.5 | 87.6 | 53.1 | 88.3 | 75.5 | 87.7 |
| 租赁 | 69.4 | 14.8 | 55.5 | 8.1 | 40.5 | 7.9 | 18.8 | 8 |
| 免费居住 | 6.4 | 4.3 | 8 | 4.3 | 6.4 | 3.8 | 5.8 | 4.3 |

（2）新市民的居住条件较差

新市民家庭合租[1]的比例高于本地居民家庭。2018年新市民住房问题调查数据显示，新市民租房家庭合租的比例为18.0%，比本地居民家庭高11.1个百分点。

如图4-17所示，租赁居住的家庭中，城镇户籍新市民选择合租的比例最高，为23.0%，比本市家庭高出16.9个百分点；农村户籍新市民合租的比例为16.6%，比本市家庭高出7.2个百分点。

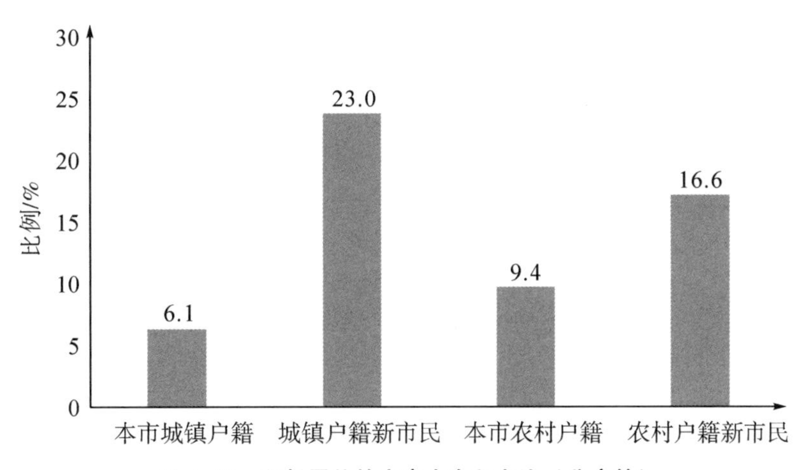


**图4-17 租赁居住的家庭中合租占比（分户籍）**

就总体而言，在经济发展水平较高的城市中，租赁居住新市民家庭的合租比例较高。一、二、三、四线城市租赁居住新市民家庭的合租比例分别为16.5%、20.2%、15.3%、9.9%。

新市民家庭合租户数多。从全国来看，新市民合租家庭较多，一套住房中平均住着3.8户

① 合租是指和其他家庭一起租赁居住。

家庭。其中，2 户、3 户、4 户、5 户及以上的占比分别为 33.6%、26.1%、18.2%、22.1%。

城市发展水平越高，新市民家庭 4 户及以上合租的比例越高。一、二、三、四线城市中新市民家庭 4 户及以上合租的比例分别为 42%、40.2%、39.8%、40.4%。

**表 4-6　合租新市民家庭居住房屋包含家庭户数分布（分城市）**　　单位:%

| 合租户数 | 全国 | 一线 | 二线 | 三线 | 四线 |
|---|---|---|---|---|---|
| 2 户 | 33.6 | 28.2 | 32.5 | 33.6 | 35.6 |
| 3 户 | 26.1 | 29.8 | 27.3 | 26.6 | 24.0 |
| 4 户 | 18.2 | 19.9 | 19.7 | 16.8 | 17.9 |
| 5 户及以上 | 22.1 | 22.1 | 20.5 | 23.0 | 22.5 |

# 5 其他非金融资产

## 5.1 汽车

### 5.1.1 汽车消费

(1) 汽车拥有比例

如图 5-1 所示，2019 年全国 32.0%的家庭拥有家用汽车。其中，城镇住户家用汽车拥有率为 38.9%，农村住户家用汽车拥有率为 19.3%，城乡住户家用汽车拥有率差异较大。

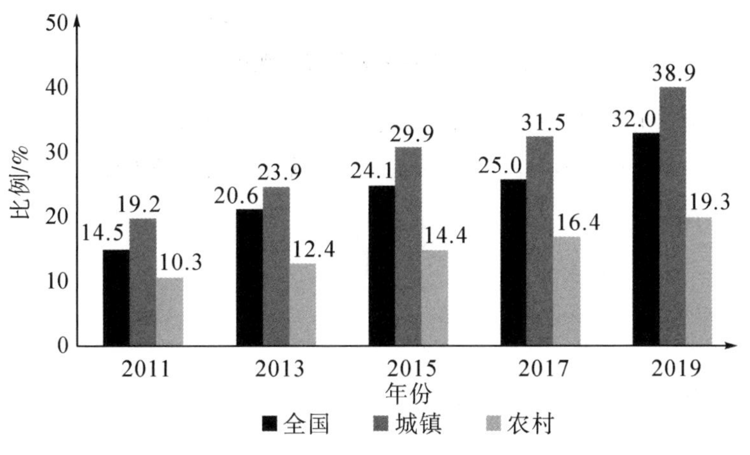


图 5-1 家用汽车拥有比例

如表 5-1 所示，在拥有家用汽车的家庭中，绝大部分家庭仅拥有一辆车，农村家庭仅拥有一辆车的比例为 90.4%，略高于城镇家庭的 87.3%。城镇家庭拥有两辆车的比例较高，其占比为 12.0%，农村家庭中仅有 8.7%拥有两辆车。

表 5-1 汽车拥有数量分布情况 单位:%

| 汽车拥有数量 | 全国 | 城镇 | 农村 |
| --- | --- | --- | --- |
| 1 辆 | 88.0 | 87.3 | 90.4 |
| 2 辆 | 11.3 | 12.0 | 8.7 |
| 3 辆及以上 | 0.7 | 0.7 | 0.9 |

（2）家用汽车的特征

如图 5-2 所示，从总体来看，在全国家用汽车的厂商类型中，占比最高的是国产厂商，为 50.3%；占比第二的是合资厂商，为 39.7%；进口厂商占比最低，为 10.0%。城镇家庭购买国产厂商汽车的占比 44.7%，与购买合资厂商汽车占比的 44.2%相差无几。农村家庭购买国产厂商汽车的占比远高于城镇家庭，为 71.3%；农村家庭购买合资厂商汽车的占比低于城镇家庭，为 22.8%。

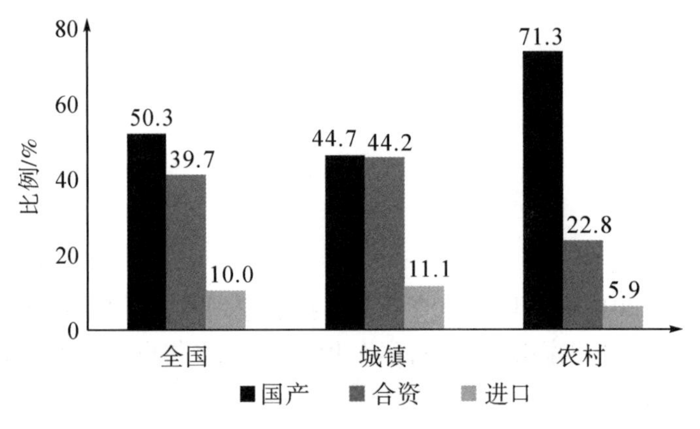


图 5-2 家用汽车厂商类型分布

如图 5-3 所示，在家用汽车类型中，占比最高的为小型车，占 63.4%，远高于其他汽车类型。占比第二的为中型车，占 18.9%。其他类型的占比分布较为均匀。

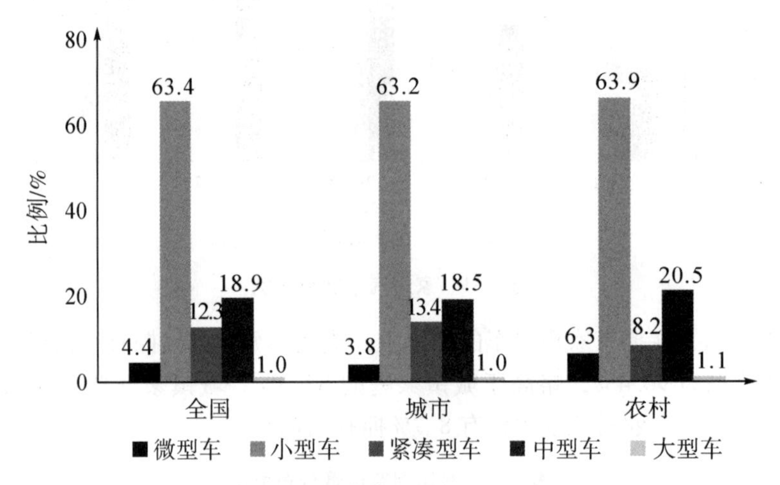


图 5-3 家用汽车主要类型分布

（3）汽车购买价格和使用年限

如表 5-2 所示，从总体来看，全国新车的购买均价为 140 899 元，当前市价为 122 061 元，平均使用年限为 4.6 年，平均每年折旧为 4 095 元。二手车的购买均价为 59 219 元，当前市价为55 425元，平均使用年限为3.7年，平均每年折旧为1 025元。

表5-2 汽车购买和使用年限

| 购车类型 | 购买价格/元 | 当前市价/元 | 使用年限/年 | 平均每年折旧/元 |
|---|---|---|---|---|
| 新车 | 140 899 | 122 061 | 4.6 | 4 095 |
| 二手车 | 59 219 | 55 425 | 3.7 | 1 025 |

如表5-3所示，城乡居民购车价格差异较大，城镇家庭购车价格为150 861元，农村居民为100 620元。城镇居民的新车平均使用年限为4.7年，农村居民的新车平均使用年限为4.1年，城镇居民汽车每年平均折旧4 290元，高于农村居民的3 291元。

表5-3 家庭第一辆车为新车的汽车价值及折旧

| 区域 | 购买价格/元 | 当前市价/元 | 使用年限/年 | 平均每年折旧/元 |
|---|---|---|---|---|
| 全国 | 140 899 | 122 061 | 4.6 | 4 095 |
| 城镇 | 150 861 | 130 700 | 4.7 | 4 290 |
| 农村 | 100 620 | 87 128 | 4.1 | 3 291 |

如表5-4所示，城镇居民二手车的平均购买价格要高于农村居民，前者为66 124元，后者为44 169元。城镇居民二手车的平均使用年限为4.0年，农村居民二手车的平均使用年限为3.1年，城镇居民二手车平均每年折旧为488元，农村居民二手车平均每年折旧为2 503元。

表5-4 家庭第一辆车为二手车的汽车价值及折旧

| 区域 | 购买价格/元 | 当前市价/元 | 使用年限/年 | 平均每年折旧/元 |
|---|---|---|---|---|
| 全国 | 59 219 | 55 425 | 3.7 | 1 025 |
| 城镇 | 66 124 | 64 172 | 4.0 | 488 |
| 农村 | 44 169 | 36 410 | 3.1 | 2 503 |

（4）户主特征与汽车拥有情况

如图5-4所示，不同年龄段人口在汽车的拥有情况方面有所不同，汽车拥有率最高人口集中在26~35周岁年龄段，其中有54.1%拥有汽车。其次是36~45周岁年龄段人口，其汽车拥有率为50.3%。再次是46~55周岁年龄段人口，其汽车拥有率为34.2%。25周岁及以下和56周岁及以上人口汽车拥有率较低，分别只有23.9%和14.0%。

如图5-5所示，汽车拥有率随户主学历的提高而提高，没上过学与小学学历人口的汽车拥有率最低，分别为6.5%和13.6%，大学本科和硕士研究生及博士研究生学历人口的汽车拥有率最高，均达到62.3%。

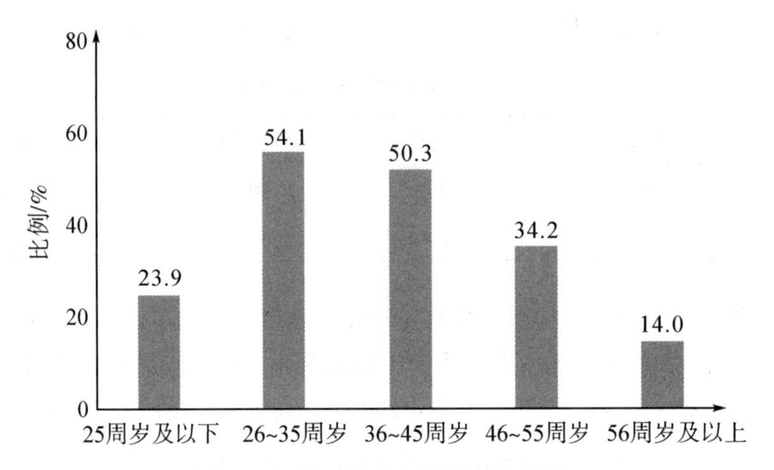


图 5-4　户主年龄与汽车拥有比例

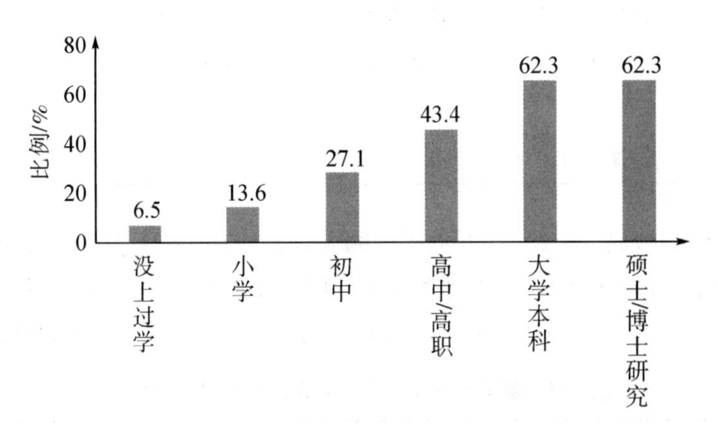


图 5-5　户主学历与汽车拥有比例

如图 5-6 所示，汽车拥有率随家庭收入水平的提高而提高。低收入家庭的汽车拥有率最低，为 10.5%，高收入家庭的汽车拥有率最高，为 66.3%。

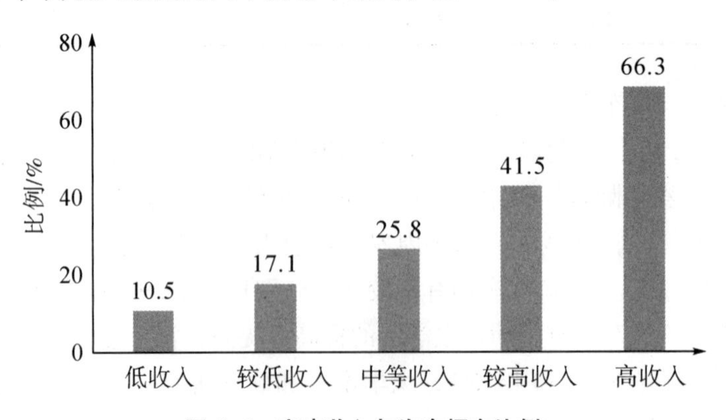


图 5-6　家庭收入与汽车拥有比例

### 5.1.2　汽车保险

（1）投保比例

如图 5-7 所示，家庭为车辆购买保险的比例，全国有车家庭中有 96.7%的家庭购买了保险，其中城镇有车家庭的汽车投保比例较高，为 97.3%，农村有车家庭的汽车投保比例略低于城镇家庭，为 94.3%。

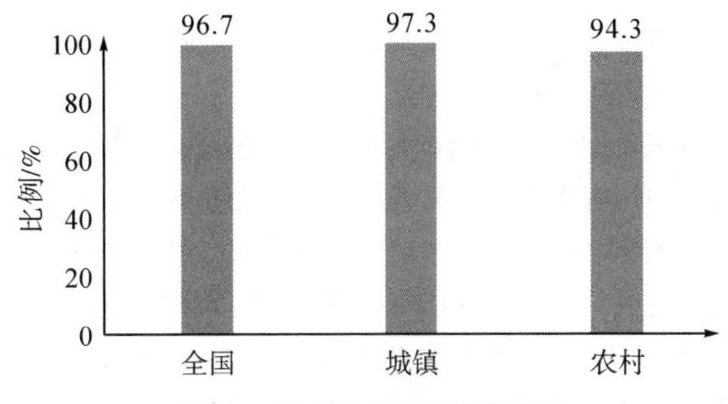


图 5-7　家用汽车投保比例情况

（2）保险购买

如图 5-8 所示，在汽车保费支出方面，在有车家庭中，购买汽车保险平均缴费 4 513 元。其中城镇家庭平均缴费水平较高，为 4 845 元；农村家庭平均缴费水平较低，为 3 298 元。

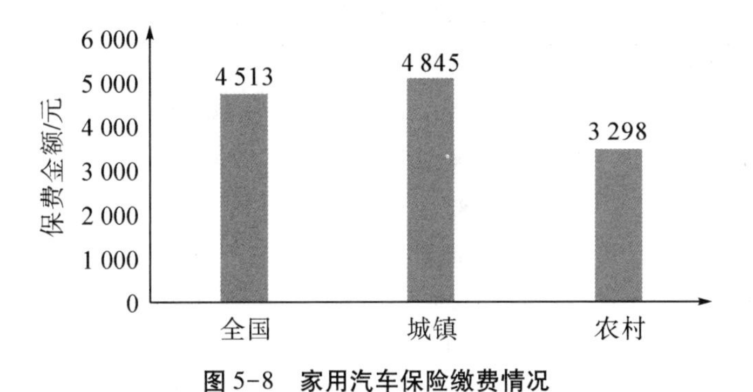


图 5-8　家用汽车保险缴费情况

## 5.2 耐用品和其他非金融资产

### 5.2.1 耐用品

在家庭耐用品方面，城镇家庭比农村家庭更普遍地拥有耐用品。农村家庭中最普遍拥有的是手机、电视机、冰箱、洗衣机、家具，而城镇家庭除了上述耐用品之外，还普遍拥有厨卫大件、空调、电脑等耐用品。

如表 5-5 所示，在各种耐用品的拥有率上，城镇家庭和农村家庭除了在手机的拥有率上接近外，其他耐用品的拥有率均存在显著差异。从表 5-5 可以看出，城镇家庭和农村家庭拥有手机的比重分别为 97.7%和 97.0%，手机普及度较高。92.0%的农村家庭拥有电视机，而城镇家庭拥有电视机的比例为 90.2%；76.4%的农村家庭拥有洗衣机，86.9%的城镇家庭拥有洗衣机；83.7%的农村家庭拥有冰箱，而城镇家庭拥有冰箱的比例高达 90.9%。在厨卫大件、空调和电脑的拥有上，城镇家庭与农村家庭的拥有率相差更大。77.8%的城镇家庭拥有厨卫大件，农村家庭的这一比例仅为 45.4%；71.9%的城镇家庭拥有空调，农村家庭的这一比例仅为 44.6%；拥有电脑的城镇家庭占比 61.7%，这个比例是相应农村家庭占比（26.1%）的两倍多。值得注意的是，城镇家庭和农村家庭拥有卫星接收器的比例分别达 38.2%和 36.2%，城镇家庭也逐渐倾向于使用卫星接收器。

**表 5-5 城乡耐用品的拥有比例** 单位:%

| 耐用品类别 | 全国 | 城镇 | 农村 |
|---|---|---|---|
| 手机 | 97.5 | 97.7 | 97.0 |
| 电视 | 90.8 | 90.2 | 92.0 |
| 洗衣机 | 83.2 | 86.9 | 76.4 |
| 冰箱 | 88.4 | 90.9 | 83.7 |
| 空调 | 62.2 | 71.9 | 44.6 |
| 电脑 | 49.1 | 61.7 | 26.1 |
| 家具 | 80.1 | 83.2 | 74.5 |
| 厨卫大件 | 66.3 | 77.8 | 45.4 |
| 乐器 | 3.4 | 4.9 | 0.8 |
| 照相机 | 8.9 | 12.5 | 2.5 |
| 空气净化器 | 5.0 | 7.2 | 1.1 |
| 新风系统 | 1.5 | 1.9 | 0.8 |
| 卫星接收器 | 37.5 | 38.2 | 36.2 |

### 5.2.2 其他非金融资产

如表 5-6 所示，在家庭拥有其他非金融资产的分布上，城镇家庭和农村家庭持有金银首饰最为普遍。28.7%的城镇家庭持有金银首饰，农村家庭持有金银首饰的比例为 14.3%。另外，城镇家庭在高档箱包和名表的持有率上明显高于农村，分别为 2.1%和 3.5%。可见，农村家庭除金银首饰外，很少持有其他种类的其他非金融资产。

**表 5-6 城乡奢侈品的拥有比例**

单位:%

| 奢侈品类别 | 全国 | 城镇 | 农村 |
| --- | --- | --- | --- |
| 金银首饰等 | 23.6 | 28.7 | 14.3 |
| 高档箱包 | 1.5 | 2.1 | 0.3 |
| 名表 | 2.5 | 3.5 | 0.8 |
| 高档服饰 | 0.9 | 1.2 | 0.3 |
| 珍贵邮票/字画/艺术品 | 0.9 | 1.2 | 0.2 |
| 古董/古玩 | 0.5 | 0.6 | 0.2 |
| 名贵动植物 | 0.3 | 0.3 | 0.1 |
| 其他 | 0.1 | 0.1 | 0.1 |

### 5.2.3 耐用品和其他非金融资产的市值

如图 5-9 所示，从家庭耐用品和其他非金融资产的总价值来看，全国家庭户均耐用品和其他非金融资产总价值为 29 837 元，城镇家庭户均耐用品和其他非金融资产总价值为 38 166 元，农村家庭户均耐用品和其他非金融资产总价值为 14 697 元。城镇家庭耐用品和其他非金融资产总价值的中位数是农村家庭的 2 倍多。

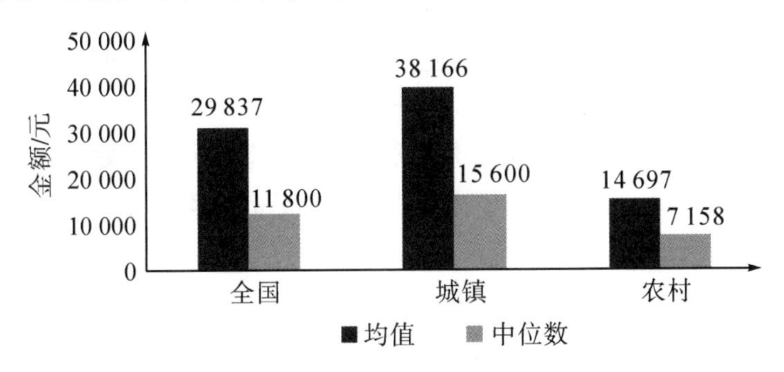


**图 5-9 家庭耐用品和其他非金融资产总价值的分布情况**

**专题 5-1　收入分布左右中国车市**

汽车产业与市场是中国经济的重要组成部分，对于整个国民经济有巨大的带动作用和重要指向意义。在中国经济内循环举足轻重的背景下，分析中国车市的趋势，对于判断中国经济的未来走向及政策选择无疑意义重大。而中国新车销售在十年之内可能都增长乏力，一个基本的原因在于收入分布差异较大。

一般而言，从无到有再从有到饱和，汽车保有水平随各国国民收入而增长的趋势类似一条 S 形曲线，体现汽车保有水平随国民收入水平增长而增长的正向关系。进一步考察这一曲线，S 形曲线本身的形状可以存在较大差异，一个基本的影响因素在于收入在国民中的分布。汽车普及的理论与经验表明，相比于收入差距较小的国家，收入差距较大的国家即基尼系数更高的国家，汽车保有水平倾向于在普及的早期快速增长，而在汽车普及的中期以后增长乏力，以至于迟迟不能比肩人均产出水平接近而收入分布更加均等的国家。西南财经大学中国家庭金融调查与研究中心（CHFS）2011 年发布的报告表明，中国家庭收入的基尼系数为 0.61。另外，按照国家统计局后期发布的数据，中国家庭收入的这一系数为 0.47 左右。它们均明显在日本的 0.36 和韩国的 0.40 之上。

较高收入差距的存在，意味着收入增长作为车市增长的趋势性动力已经弱化乃至消失，从而成为 2018 年以来中国车市下跌背后的重要原因。从 CHFS 历年调研的数据来看，年收入 9 万元是近年来中国首次购车家庭的年收入平均数，具有代表性意义。而跨越这一收入水平的家庭数量在 2011 年后虽不断增长，在 2015 年以后却有速度放慢迹象。与之相对应，汽车向无车家庭的普及速度同时放慢，从而直接导致中国汽车销售总体增速放缓乃至于 2018 年汽车市场总销量发生下跌。

而同时，恰恰由于收入差距的存在，在一个总体增速放缓乃至收缩的市场条件下，中国车市也在经历大规模的消费升级。从 CHFS 家庭微观数据来看，中国家庭拥有车型中较低价位的入门级车型份额在收缩，而中高价位车型份额在扩张。概括而言，基于收入分布的原因，虽然汽车在中国中低收入无车家庭中的普及增速在放慢，而相对富裕的中高收入有车家庭则在进一步升级消费，并从宏观上推动汽车市场中较为高端产品的增长。

中国车市最可能的前景是，汽车首次购置以较低速率在无车家庭中发生，不再成为汽车销量增长的趋势性力量，而新车销量主要由有车家庭的换购支撑，更加靠近成熟汽车社会中无趋势波动的特点。

# 6　家庭金融资产

## 6.1　银行存款

### 6.1.1　活期存款

（1）账户持有情况

如表 6-1 所示，就全国总体而言，持有活期存款账户的家庭占总有效样本的 79.4%。分城乡来看，城镇家庭活期存款账户持有比例为 85.6%，农村家庭活期存款账户持有比例为 68.1%，比城镇低 17.5 个百分点。分东、中、西部来看，西部地区 82.5%的家庭有活期存款账户，高出全国平均水平 3.1 个百分点；东部地区 80.9%的家庭有活期存款账户，略高于全国平均水平；而中部地区家庭持有活期存款账户比例最低，为 75.0%。从总体来看，我国家庭活期存款账户持有比例城乡差异显著。

**表 6-1　家庭活期存款账户持有比例**　　单位:%

| 区域 | 比例 |
|---|---|
| 全国 | 79.4 |
| 城镇 | 85.6 |
| 农村 | 68.1 |
| 东部 | 80.9 |
| 中部 | 75.0 |
| 西部 | 82.5 |

根据户主年龄的分组，我们进一步考察了家庭活期存款账户的持有情况。由图 6-1 可知，在户主为 16~25 周岁的样本中，家庭活期存款持有比例最高，为 92.8%；户主年龄在 56 周岁及以上的家庭活期存款持有比例最低，为 68.6%。从总体来看，随着户主年龄的增长，家庭活期存款账户持有比例逐渐下降。

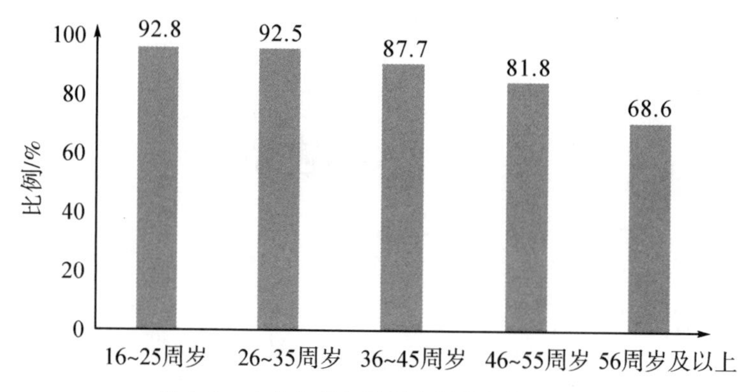


图 6-1 户主年龄与活期存款账户持有比例

由图 6-2 可知，相比于户主学历较低的家庭，户主学历较高的家庭活期存款账户持有比例较高。具体来看，户主没有上过学的家庭活期存款账户持有比例最低，为 48.6%；户主学历为小学的家庭活期存款账户持有比例为 66.1%；户主学历为初中的家庭活期存款账户持有比例为 79.5%；户主学历为高中/高职[①]的家庭活期存款账户持有比例为 88.8%；户主学历为大学本科和硕士/博士研究生的家庭活期存款账户持有比例分别为 93.8% 和 89.7%。

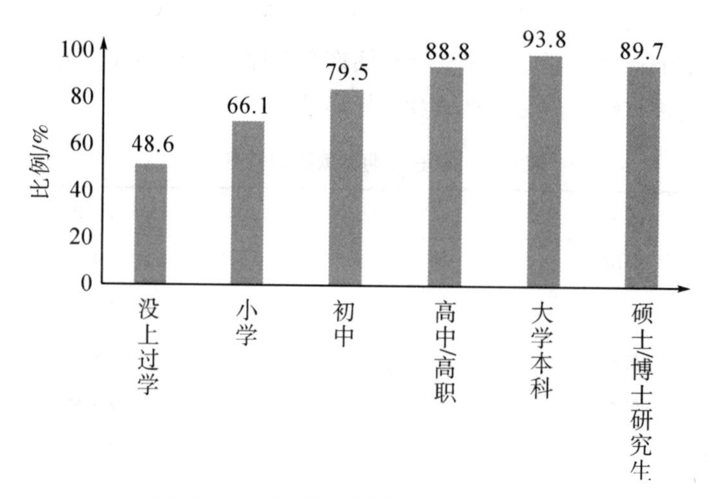


图 6-2 户主学历与活期存款账户持有比例

（2）账户持有数量

由表 6-2 可知，持有活期存款账户的样本家庭中，全国家庭平均持有量为 2.5 个，城镇家庭平均持有量为 2.9 个，农村家庭平均持有量仅为 1.7 个。分区域来看，东部地区的家庭平均持有 2.6 个活期存款账户，高于中部地区的 2.2 个和西部地区的 2.5 个。

① 户主学历为高中/高职学历是指具有高中、中专、大专学历的户主，下同。

表 6-2 家庭活期存款账户持有数量

单位：个

| 区域 | 均值 |
|---|---|
| 全国 | 2.5 |
| 城镇 | 2.9 |
| 农村 | 1.7 |
| 东部 | 2.6 |
| 中部 | 2.2 |
| 西部 | 2.5 |

（3）账户余额

如表 6-3 所示，全国持有活期存款账户的家庭中，活期存款账户平均余额为 33 309 元，中位数为 5 000 元。分城乡来看，城镇家庭的余额均值为 40 253 元，中位数为 10 000 元；农村家庭的余额均值为 17 434 元，中位数为 2 500 元。城镇家庭比农村家庭的活期存款账户余额均值高出 22 819 元，中位数高出 7 500 元，差异较大。分东、中、西部来看，东部地区家庭活期存款账户余额的均值和中位数都最高，分别为 43 297 元和 10 000 元，西部地区活期存款账户余额的均值和中位数最低，分别为 22 023 元和 3 250 元。

表 6-3 家庭活期存款账户余额

单位：元

| 区域 | 均值 | 中位数 |
|---|---|---|
| 全国 | 33 309 | 5 000 |
| 城镇 | 40 253 | 10 000 |
| 农村 | 17 434 | 2 500 |
| 东部 | 43 297 | 10 000 |
| 中部 | 27 960 | 5 000 |
| 西部 | 22 023 | 3 250 |

图 6-3 进一步分析了户主年龄与家庭活期存款账户余额的关系。随着户主年龄的增长，家庭活期存款账户余额均值先增加后减少。活期存款账户余额最高的为 26~35 周岁年龄组，其均值为 46 124 元，中位数为 10 000 元；余额最低的是 56 周岁及以上年龄组，其均值为 23 739 元，中位数为 3 280 元；从总体来看，户主年龄在 35 周岁及以下的，年龄越大，活期存款账户余额越大；年龄在 36 周岁及以上的，年龄越大，活期存款账户余额越小。

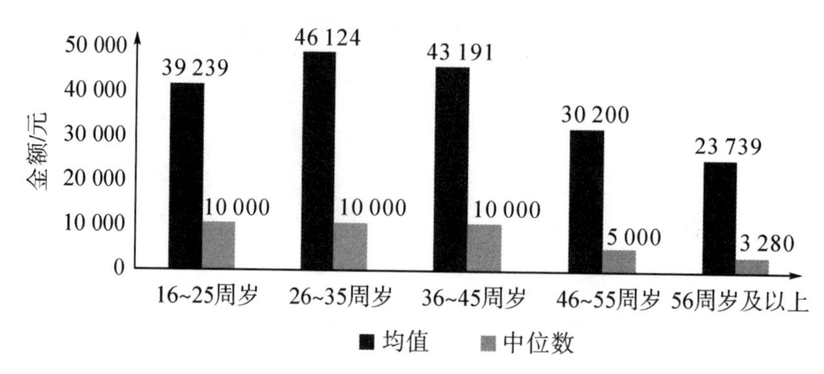


**图 6-3　户主年龄与活期存款账户余额**

由图 6-4 可知，随着户主学历水平的上升，家庭活期存款账户余额逐渐增加。户主没有上过学的家庭活期存款账户余额均值为 9 573 元，中位数为 300 元，均远低于全国平均水平；户主为小学学历和初中学历的家庭活期存款账户余额均值分别为 17 849 元和 22 223 元，二者活期存款账户余额的中位数分别为 2 000 元和 4 750 元；户主为高中及以上学历的家庭活期存款账户余额和均值都超过了全国水平，其中户主具有研究生学历的家庭活期存款账户余额最高，均值为 96 001 元，中位数为 30 000 元。

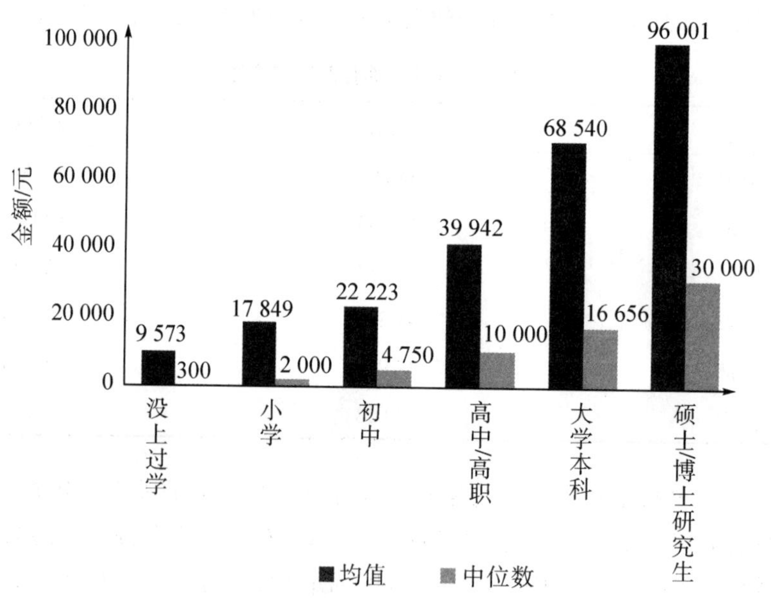


**图 6-4　户主学历与活期存款账户余额**

### 6.1.2 定期存款

(1) 账户持有情况

如表 6-4 所示，2019 年全国家庭定期存款账户持有比例为 17.6%。分城乡来看，城镇家庭的定期存款账户持有比例远高于农村地区，前者为 20.2%而后者为 12.9%。地区之间也存在显著的差异，东部家庭的定期存款账户持有比例最高，为 22.5%，中、西部相差不大，其家庭定期存款账户持有比例分别为 13.8%和 13.9%。

**表 6-4 2019 年家庭定期存款账户持有比例** 单位:%

| 区域 | 比例 |
| --- | --- |
| 全国 | 17.6 |
| 城镇 | 20.2 |
| 农村 | 12.9 |
| 东部 | 22.5 |
| 中部 | 13.8 |
| 西部 | 13.9 |

图 6-5 进一步分析了户主年龄与家庭定期存款账户余额的关系。从总体来看，随着户主年龄的增长，家庭定期存款账户持有比例大致是增加的。家庭定期存款账户持有比例最高的是 56 周岁及以上年龄组，比例为 19.6%；家庭定期存款账户持有比例最低的是 16~25 周岁年龄组，为 10.7%。

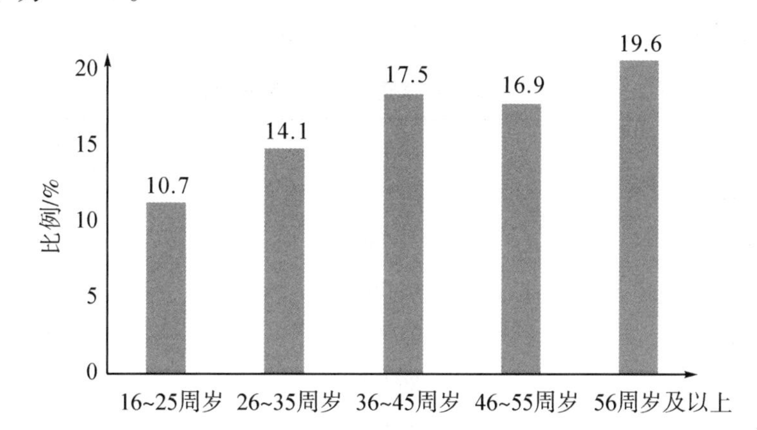


**图 6-5 户主年龄与定期存款账户持有比例**

如图 6-6 所示，从总体来看，随着户主学历的升高，其家庭定期存款账户持有比例也在逐步升高。具体来说，户主没有上过学的家庭定期存款账户持有比例最低，为 7.1%；

其次是小学学历的户主，其家庭定期存款账户持有比例为 11.8%；户主为高中/高职及以上学历的家庭定期存款账户持有比例均超过了全国平均值；户主为本科学历的家庭定期存款账户持有比例最高，为 23.6%。

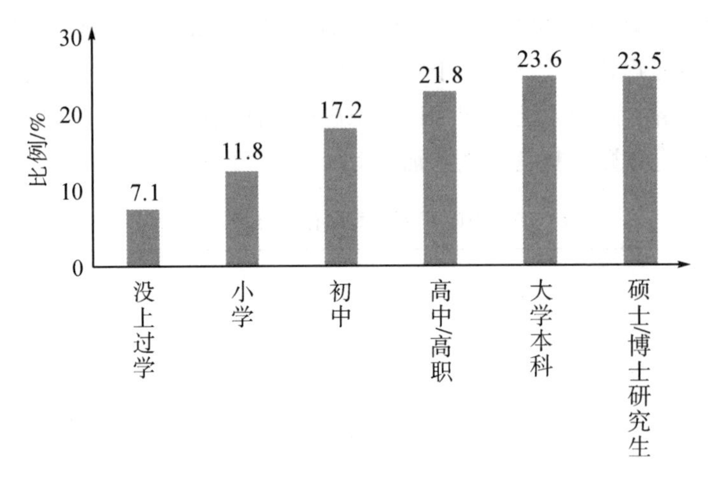


**图 6-6　户主学历与定期存款账户持有比例**

（2）账户余额

如表 6-5 所示，2019 年有定期存款的家庭中，定期存款总余额均值为 119 477 元，中位数为 50 000 元。分城乡来看，城镇家庭的均值为 135 740 元，中位数为 60 000 元；农村家庭的定期存款账户余额均值为 69 260 元，中位数为 30 000 元，城乡差异显著。分东、中、西部来看，东部地区最高，家庭定期存款账户余额均值为 145 772 元，中位数为 60 000 元；中部地区家庭的定期存款账户余额最低，均值为 86 510 元，中位数为 5 000 元；东部地区家庭的定期存款账户余额高于中部和西部，区域差异明显。

**表 6-5　2019 年家庭定期存款账户余额**　　单位：元

| 区域 | 均值 | 中位数 |
| --- | --- | --- |
| 全国 | 119 477 | 50 000 |
| 城镇 | 135 740 | 60 000 |
| 农村 | 69 260 | 30 000 |
| 东部 | 145 772 | 60 000 |
| 中部 | 86 510 | 50 000 |
| 西部 | 83 917 | 50 000 |

图 6-7 进一步分析了户主年龄与家庭定期存款账户余额的关系。随着户主年龄的增长，家庭定期存款账户余额呈现倒“U”形变化。在有定期存款余额的家庭中，余额最多

的为36~45周岁年龄组，其均值为130 338元，中位数为55 000元；最少的是16~25周岁年龄组，其均值为56 001元，中位数为38 597元；户主年龄在35周岁及以下的，其家庭定期存款余额均值随着户主年龄的增长而增加，户主年龄在36周岁及以上的，其家庭定期存款余额随着户主年龄的增长而减少。

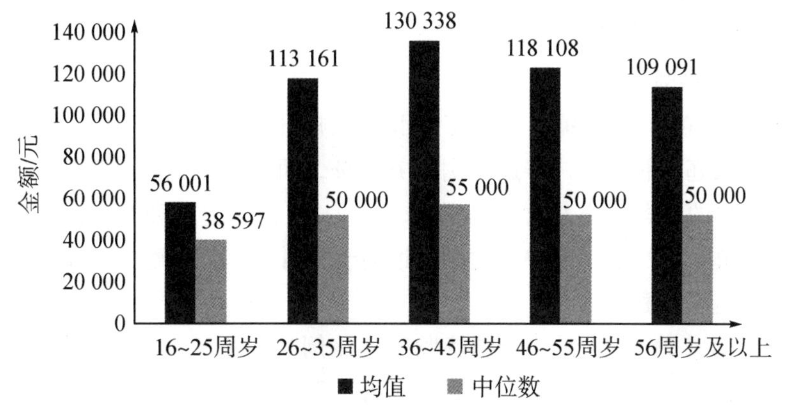


**图6-7 户主年龄与定期存款余额**

由图6-8可知，家庭定期存款账户余额随着户主受教育水平的上升而增加。户主没有上过学的家庭定期存款账户余额均值为58 021元，中位数为25 000元；户主为小学学历和初中学历的家庭定期存款账户余额均值分别为67 054元和97 690元，二者定期存款账户余额的中位数分别为33 000元和50 000元；户主为高中及以上学历的家庭定期存款账户余额均值和中位数均超过了全国平均水平，其中户主具有研究生学历的家庭定期存款账户余额最高，均值为210 995元，中位数为150 000元。

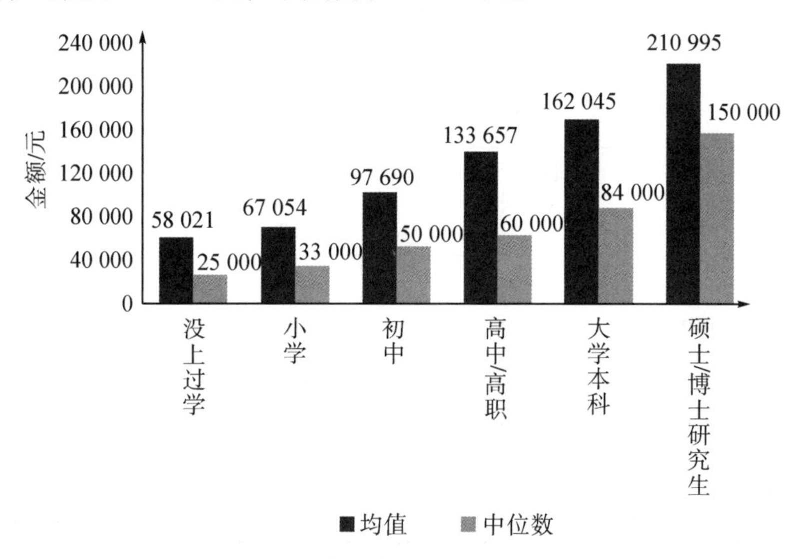


**图6-8 户主学历与定期存款余额**

## 6.2 股票

### 6.2.1 账户持有比例

(1) 账户开通比例

如表 6-6 的第(1)列所示，全国家庭股票账户开通比例为 6.7%，城乡差异和地区差异明显。城镇家庭的股票账户开通比例为 10.2%，而农村该比例仅为 0.4%。分东、中、西部看，东部家庭的股票账户开通比例最高，为 9.8%，而中部和西部的比例均为 4.4%。由此可看出，城镇家庭的股票账户开通比例远高于农村，东部家庭的股票账户开通比例远高于中部和西部地区家庭。

如表 6-6 的第(2)列所示，全国持股家庭比例为 6.0%，城乡差异和地区差异与全国股票账户开通比例类似。城镇持股家庭比例为 9.2%，农村持股家庭比例为 0.3%，城镇持股家庭比例远高于农村，东部地区持股家庭比例高于中部地区和西部地区。

如表 6-6 的第(3)列所示，在开通了股票账户的家庭中，有炒股经历的家庭占比较高。全国有炒股经历的家庭占比 89.6%，其中城镇有炒股经历的家庭占比 90.0%，高于农村的 72.8%；东、中、西部地区之间差异不大，均接近全国的平均值。

如表 6-6 的第(4)列所示，全国目前持股家庭占开通股票账户家庭的比例为 63.9%，其中目前持股城镇家庭占比 64.7%，目前持股农村家庭占比 33.5%，城乡差异明显；目前持股东部地区家庭的占比最高，为 66.5%，目前持股西部地区家庭的占比最低，为 58.8%，地区间差异不大。以上表明，在我国开通了股票账户的家庭中，有相当一部分家庭并未持股。

**表 6-6　股票账户开通比例及持股家庭占比**　　单位:%

| 区域 | 股票账户开通比例<br>(1) | 目前持股家庭比例<br>(2) | 有炒股经历的家庭占比(条件值)<br>(3) | 目前持股家庭占比(条件值)<br>(4) |
|---|---|---|---|---|
| 全国 | 6.7 | 6.0 | 89.6 | 63.9 |
| 城镇 | 10.2 | 9.2 | 90.0 | 64.7 |
| 农村 | 0.4 | 0.3 | 72.8 | 33.5 |
| 东部 | 9.8 | 8.9 | 91.0 | 66.5 |
| 中部 | 4.4 | 3.9 | 87.5 | 60.0 |
| 西部 | 4.4 | 3.8 | 86.6 | 58.8 |

如表 6-7 所示，从总体来看，股票账户开通比例与户主年龄的关系呈现倒“U”形关系，股票账户开通比例最高的为 36~45 周岁年龄组，比例为 9.7%；56 周岁及以上年龄组股票账户开通比例最低，为 4.8%；年龄小于 36 周岁的，年龄越大，股票账户开通比例越高；年龄大于 35 周岁的，年龄越大，股票账户开通比例越低。

**表 6-7　户主年龄与股票账户开通比例**　　单位:%

| 年龄 | 股票账户<br>开通比例 | 有炒股经历的家庭占比<br>（条件值） | 目前持股家庭占比<br>（条件值） |
| --- | --- | --- | --- |
| 16~25 周岁 | 4.9 | 79.8 | 50.9 |
| 26~35 周岁 | 7.4 | 83.8 | 53.0 |
| 36~45 周岁 | 9.7 | 91.5 | 62.9 |
| 46~55 周岁 | 6.8 | 90.9 | 68.4 |
| 56 周岁及以上 | 4.8 | 88.7 | 65.5 |

图 6-9 进一步分析了户主特征和家庭持股比例的关系。不同年龄段户主的家庭持股比例情况有明显的差异。户主年龄为 36~45 周岁的家庭持股比例最高，为 8.9%；户主为 26~35 周岁及 46~55 周岁的家庭持股比例相同，均为 6.2%；户主年龄在 56 周岁及以上和户主年龄在 16~25 周岁的家庭持股比例较低，分别为 4.3%和 3.9%。

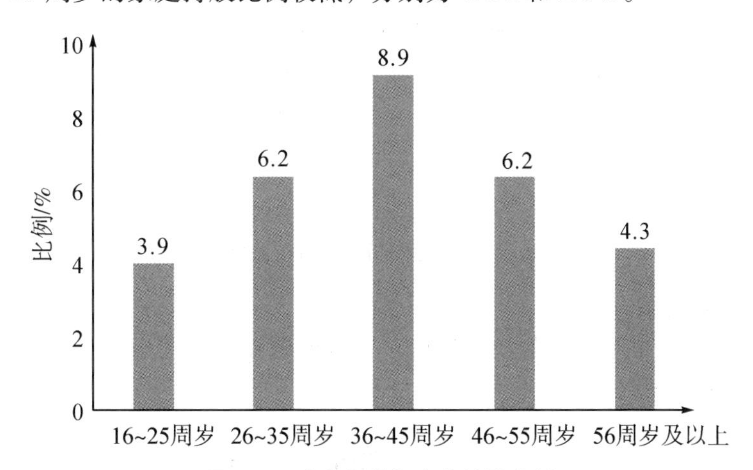


**图 6-9　户主年龄与家庭持股比例**

从表 6-8 可知，户主学历越高的家庭股票账户开通的比例越高。户主没有上过学的家庭股票账户开通的比例仅为 0.4%，户主为小学和初中学历的家庭股票账户开通比例为 0.9%和 2.7%，户主为高中/高职学历的家庭股票账户开通比例达到 11.4%，户主为大学本科学历的家庭股票账户开通比例为 19.3%，户主为研究生及以上学历的家庭股票账户开通比例最高，为 27.8%。

表 6-8 户主学历与股票账户开通比例 单位:%

| 学历 | 股票账户开通比例 | 有炒股经历的家庭占比（条件值） | 目前持股家庭占比（条件值） |
|---|---|---|---|
| 没上过学 | 0.4 | 55.5 | 55.5 |
| 小学 | 0.9 | 88.9 | 55.3 |
| 初中 | 2.7 | 88.6 | 64.4 |
| 高中/高职 | 11.4 | 88.7 | 62.0 |
| 大学本科 | 19.3 | 91.3 | 67.6 |
| 硕士/博士研究生 | 27.8 | 92.9 | 68.1 |

由图 6-10 可知，户主学历越高的家庭，持股比例越高。户主没有上过学的家庭持股比例仅为 0.2%，户主为小学和初中学历的家庭则为 0.8%和 2.4%，户主为研究生学历的家庭持股比例最高，为 25.8%。

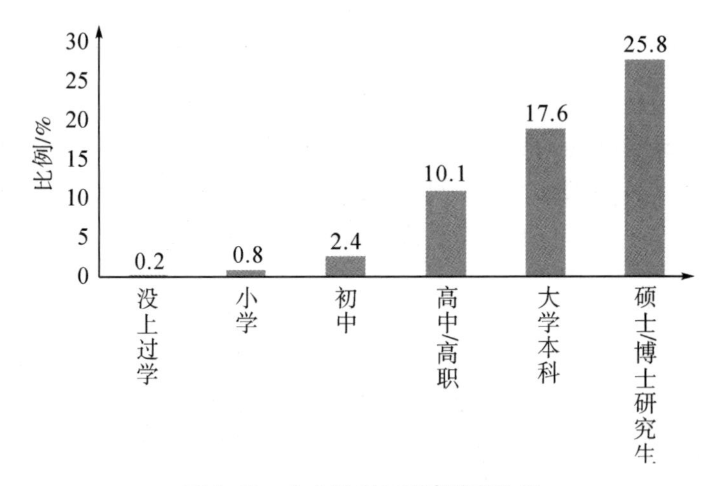


图 6-10 户主学历与家庭持股比例

（2）股票现金余额

如图 6-11 所示，在有炒股经历的家庭中，其股票账户有现金余额的占 69.7%，股票账户无现金余额的占 30.3%。

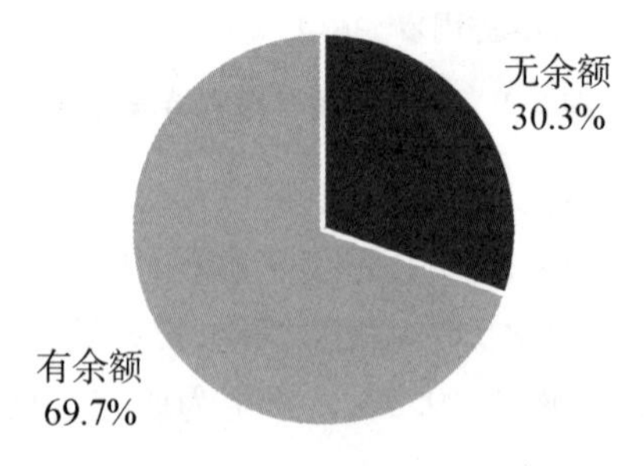


图 6-11 有炒股经历家庭的股票账户现金余额情况

如表 6-9 所示，在股票账户有现金余额的家庭中，全国均值为 43 997 元，中位数为 5 000 元。城镇家庭的股票账户现金余额均值为 44 275 元，中位数为 5 000 元；而农村家庭的股票账户现金余额均值为 29 839 元，中位数为 256 元，城乡间存在明显差异。东部家庭的股票账户现金余额均值最高，为 46 592 元；西部家庭的股票账户现金余额均值最低，为 34 923 元，地区间的差异也较为显著。

**表 6-9 家庭股票账户现金余额** 单位：元

| 区域 | 均值 | 中位数 |
| --- | --- | --- |
| 全国 | 43 997 | 5 000 |
| 城镇 | 44 275 | 5 000 |
| 农村 | 29 839 | 256 |
| 东部 | 46 592 | 5 000 |
| 中部 | 42 520 | 3 100 |
| 西部 | 34 923 | 5 000 |

（3）炒股年限

如表 6-10 所示，全国有炒股经历的家庭炒股年限平均为 12.9 年。其中目前持股者首次炒股距今的年限为 13.1 年，而目前未持股者首次炒股距今的年限为 12.3 年。

**表 6-10 首次炒股时间距今（2019 年）的年限** 单位：年

| 类别 | 首次炒股距今年限 |
| --- | --- |
| 总体 | 12.9 |
| 目前未持股者 | 12.3 |
| 目前持股者 | 13.1 |

### 6.2.2 持股情况

（1）持股数量分析

如表 6-11 所示，在持股家庭中，全国家庭平均持股数量为 3.2 只，其中城镇的平均持股数量高于农村，前者为 3.2 只，后者为 2.2 只。地区之间的平均持股数量差异不明显，东部家庭的平均持股数量最高，为 3.2 只；中部地区家庭的平均持股数量最低，为 2.9 只。

表 6-11　2019 年持股家庭的平均持股数量　　单位：只

| 区域 | 平均数 |
|---|---|
| 全国 | 3.2 |
| 城镇 | 3.2 |
| 农村 | 2.2 |
| 东部 | 3.2 |
| 中部 | 2.9 |
| 西部 | 3.3 |

如图 6-12 所示，全国持股者的持股数量多在 5 只以下，占总体的 86.8%，持 1 只、2 只、3 只与 4~5 只股票的分布较为平均。城镇的持股分布情况与全国趋同，农村地区持 1 只股票的家庭占比较高，为 55.0%。

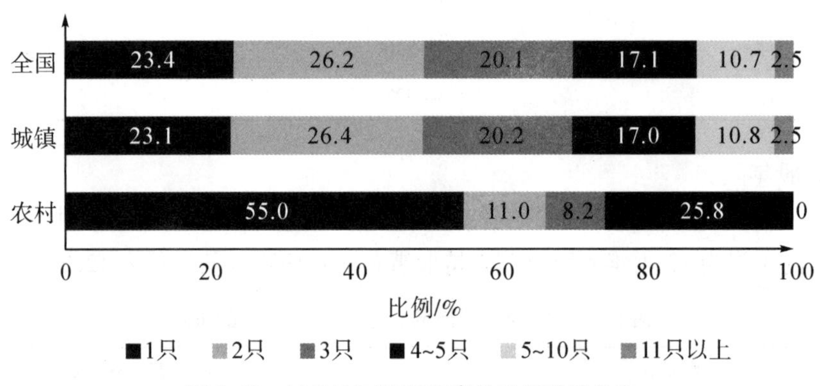


图 6-12　城乡地区持股家庭的持股数量分布

由图 6-13 可知，地区之间的持股数量分布差异不明显，七成家庭仅持 3 只及以下的股票。东部和中部地区持股家庭中，持 2 只股票的家庭占比最高，分别为 26.0% 和 28.3%，西部地区持 3 只股票的家庭占比最高，为 25.4%。

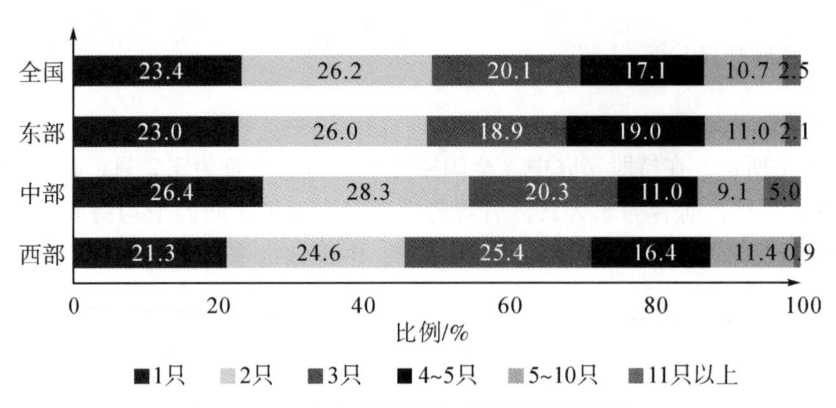


图 6-13　不同区域持股家庭的持股数量分布

（2）持股周期分析

表 6-12 对 2019 年持股家庭的平均持股周期及分布情况进行了分析。从全国来看，持股周期在 12 个月以上的占比最高，为 57.3%；其次是 3～6 个月的持股周期，占比 12.1%；持股周期在 1 周以内的占比最低，为 3.0%。其中，农村持股周期在 3～6 个月的占比最高，为 42.0%，而同周期在城镇仅占 11.7%；城镇持股周期在 12 个月以上的占比最高，为 57.7%，同周期在农村为 31.2%，农村家庭持股周期较短。东、中、西三个地区持股周期在 12 个月以上的家庭占比均是最高，分别为 55.6%、63.6%和 57.0%，西部地区持股周期在 1～3 个月的家庭占比次之，为 15.7%，同周期东部、中部占比接近，分别为 9.1%和 8.5%。

**表 6-12　2019 年持股家庭的平均持股周期及分布情况**　　单位:%

| 区域 | 1 周以内 | 1 周～1 个月 | 1～3 个月 | 3～6 个月 | 6～12 个月 | 12 个月以上 |
|---|---|---|---|---|---|---|
| 全国 | 3.0 | 6.2 | 9.9 | 12.1 | 11.4 | 57.3 |
| 城镇 | 3.0 | 6.3 | 9.9 | 11.7 | 11.4 | 57.7 |
| 农村 | 5.7 | 0.0 | 12.2 | 42.0 | 8.9 | 31.2 |
| 东部 | 3.3 | 8.6 | 9.1 | 11.8 | 11.7 | 55.6 |
| 中部 | 4.1 | 0.7 | 8.5 | 12.4 | 10.8 | 63.6 |
| 西部 | 0.4 | 2.8 | 15.7 | 13.0 | 11.0 | 57.0 |

（3）股票持有市值及投入情况

如表 6-13 所示，从全国来看，在有股票的家庭中，对股票的初始投入总成本（初始投入成本是指对 2019 年持有股票的初始投入）均值为 135 805 元，中位数为 50 000 元，当前股票市值的均值为 120 047 元，中位数为 40 000 元。

**表 6-13　2019 年持股家庭的股票市值及投入情况**　　单位：元

| 区域 | 均值 | | | 中位数 | | |
|---|---|---|---|---|---|---|
| | 股票市值 | 初始投入成本 | 当年分红 | 股票市值 | 初始投入成本 | 当年分红 |
| 全国 | 120 047 | 135 805 | 2 078 | 40 000 | 50 000 | 0 |
| 城镇 | 121 187 | 136 214 | 2 108 | 40 000 | 55 000 | 0 |
| 农村 | 28 418 | 104 822 | 288 | 10 000 | 20 000 | 0 |
| 东部 | 131 460 | 154 638 | 2 277 | 50 000 | 60 000 | 0 |
| 中部 | 114 870 | 100 980 | 1 361 | 22 000 | 40 000 | 0 |
| 西部 | 74 537 | 96 678 | 2 170 | 38 000 | 50 000 | 0 |

分城乡来看，城镇家庭的平均股票初始投入成本要高于农村家庭，前者为136 214元，而后者为104 822元；城镇家庭的当年股票分红远高于农村家庭，前者为2 108元，后者为288元。

分东、中、西部来看，东部家庭持有股票初始投入总成本及当前总市值的均值和中位数均依次高于中、西部地区的家庭；而中部家庭的当年股票分红依次低于东部和西部地区的家庭。

如图6-14和图6-15所示，2019年持股家庭炒股亏损居多，只有8.8%的家庭盈利，其中亏损1万元以下和1万~5万元的家庭占比分别为15.9%和27.4%，合计占总体的43.3%，盈利1万元以下和1万~5万元的家庭占比分别为2.1%和4.3%，合计占总体的6.4%。

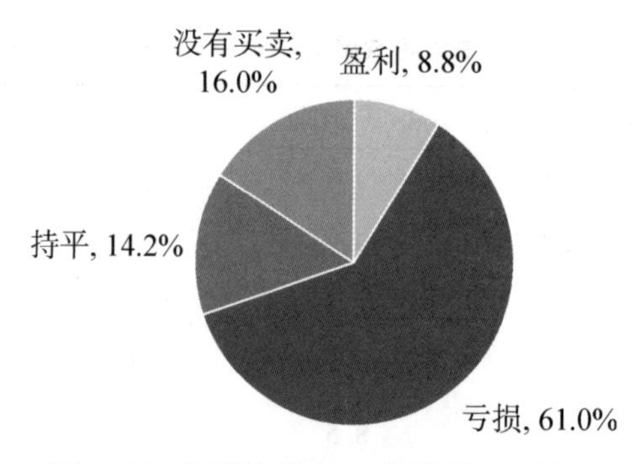


图6-14 持股家庭2019年炒股盈亏状况

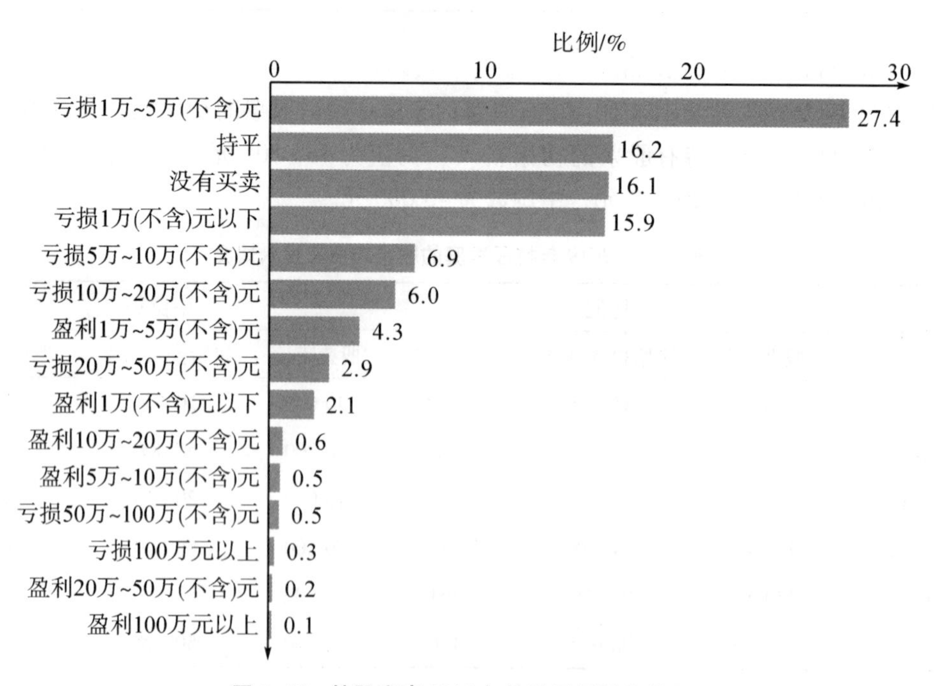


图6-15 持股家庭2019年炒股盈亏具体状况

（4）非公开交易股票持有情况

如图 6-16 所示，持有非公开交易股票的家庭占比仅为所有持股家庭的 1.8%，这说明持股家庭中绝大多数的家庭持有的是公开交易的股票。

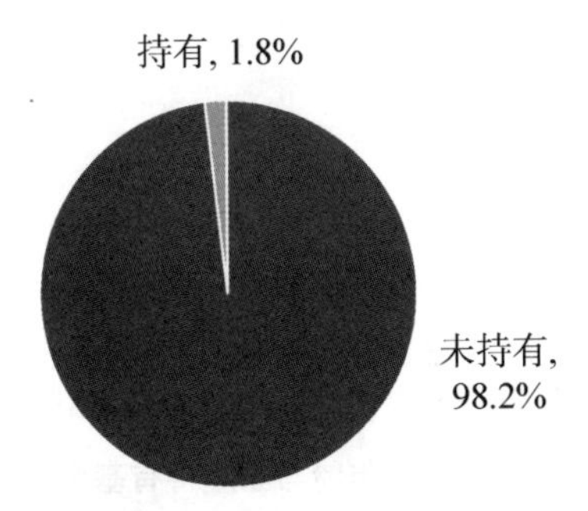


**图 6-16　持股家庭中持有非公开交易股票的家庭占比**

## 6.3　基金

### 6.3.1　账户持有比例

（1）账户开通比例

由表 6-14 可知，全国家庭在 2019 年持有基金的比例为 2.1%。分城乡来看，城镇家庭持有基金的比例为 3.2%，农村家庭持有基金的比例为 0.1%。分东、中、西部来看，东部地区持有基金比例最高，为 3.0%；其次是西部地区，比例为 1.7%；中部地区最低，为 1.2%。

**表 6-14　家庭持有基金比例**　　单位:%

| 区域 | 基金持有比例 |
|---|---|
| 全国 | 2.1 |
| 城镇 | 3.2 |
| 农村 | 0.1 |
| 东部 | 3.0 |
| 中部 | 1.2 |
| 西部 | 1.7 |

如图 6-17 所示，从总体来看，户主较为年轻的家庭基金持有比例较高。户主为 16～25 周岁的家庭持有基金比例最高，为 4.5%；户主为 56 周岁及以上的家庭持有基金比例最低，为 1.4%。

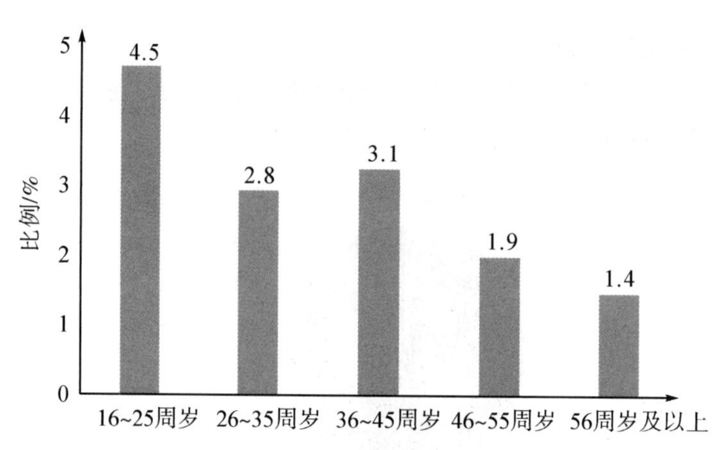


图 6-17　户主年龄与家庭持有基金比例

如图 6-18 所示，户主学历越高，家庭持有基金比例越高。其中户主没上过学和小学学历的家庭持有基金的比例最低，分别为 0. 1%和 0. 2%；户主为初中学历和高中/高职学历的家庭持有基金的比例分别为 0. 8%和 3. 1%；户主为研究生学历的家庭持有基金的比例最高，为 16. 2%。

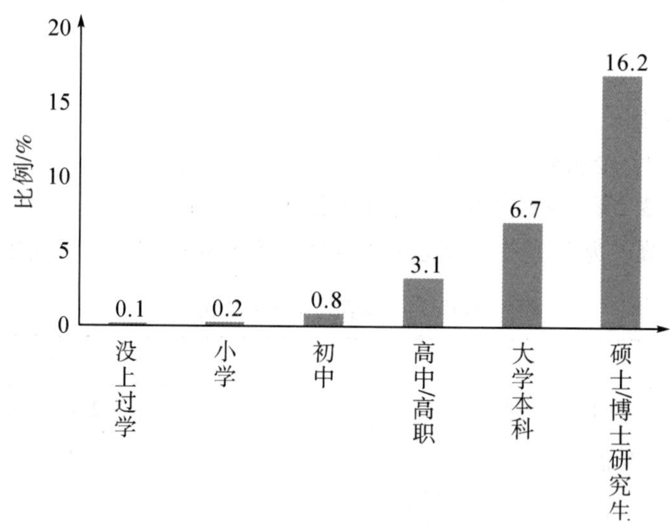


图 6-18　户主学历与家庭持有基金比例

（2）基金投资年限

由图 6-19 可知，大部分基民（投资基金的人）在 2009—2016 年开始投资基金，占比 30. 5%。超过三成的基民在 2009 年以前开始投资基金，其中 2004 年以前开始投资基金的占比 7. 8%，2004—2009 年开始投资基金的占比 26. 1%。有 30. 5%的基民是在 2009—2016 年开始投资基金的，有 18. 8%的基民在 2016—2018 年开始投资基金，还有 16. 8%的基民在 2018—2019 年才开始投资基金。

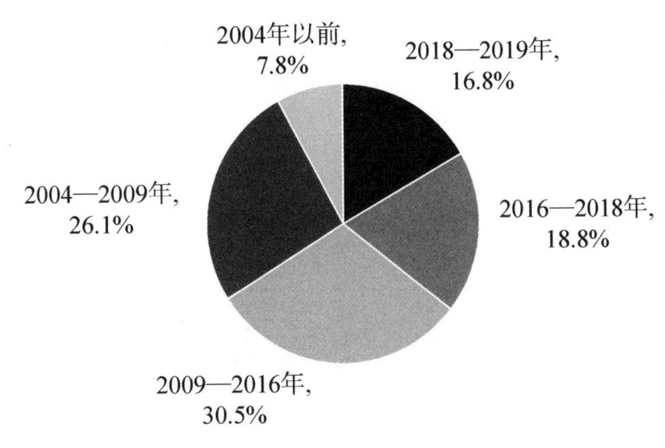


图 6-19 开始投资基金的时间分布

（3）未投资基金的原因分析

表 6-15 统计了受访家庭未投资基金的原因。从全国来看，位居前三的原因依次为没有基金投资相关知识（43.2%）、资金有限（31.8%）、没有时间/兴趣（12.9%）。无论是在城镇还是在农村，没有基金投资相关知识为没有购买基金的首要原因；其中 36.8%的城镇家庭因为缺乏基金投资相关知识而未投资基金，农村的这一比例为 54.6%。这表明家庭金融知识的缺乏严重阻碍了家庭对基金市场的参与。

表 6-15 家庭未投资基金的原因

单位:%

| 原因 | 全国 | 城镇 | 农村 |
|---|---|---|---|
| 没有基金投资相关知识 | 43.2 | 36.8 | 54.6 |
| 资金有限 | 31.8 | 32.3 | 31.0 |
| 没有时间/兴趣 | 12.9 | 16.0 | 7.6 |
| 基金风险高 | 6.1 | 8.3 | 2.2 |
| 基金收益低 | 2.4 | 3.0 | 1.2 |
| 开户麻烦/不会开户 | 1.8 | 1.7 | 1.9 |
| 其他 | 1.1 | 1.1 | 1.1 |
| 不相信基金经理的能力 | 0.7 | 0.8 | 0.4 |

### 6.3.2 基金持有状况

（1）基金持有类型

由图 6-20 可知，家庭投资混合型基金的占比最高，达到了 34.2%；其次是股票型基金，为 31.5%；货币市场基金的投资占比也较高，为 20.3%；投资 QDII（海外直接投资）型基金的占比最低，为 1.9%。

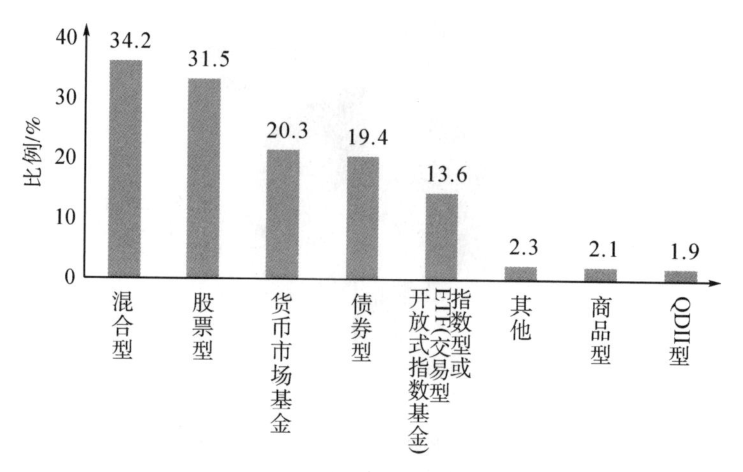


图 6-20　家庭基金持有类型分布

注：本题目为多选题，因而加总超过 100%。

如图 6-21 所示，从总体来看，家庭持有基金类型较为单一，持有 1 种类型基金的家庭占比达到 72.7%，持有 2 种类型基金的家庭占比 18.7%，持有 3 种类型基金的家庭占比 4.9%，持有 4 种及以上类型基金的家庭占比 3.6%。

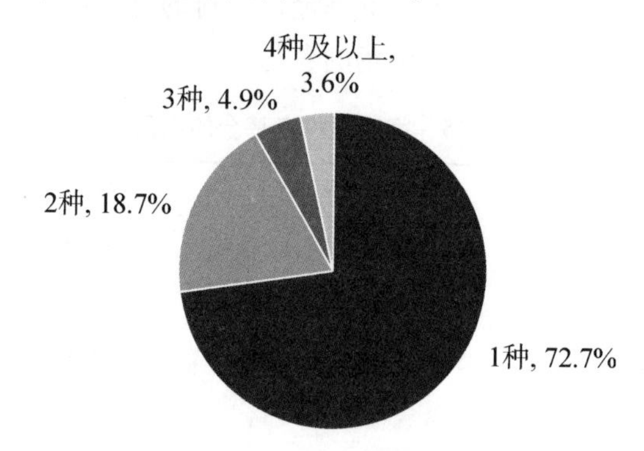


图 6-21　家庭持有的基金类型分布

（2）基金市值及投入情况

如表 6-16 所示，从全国来看，基金的平均初始投入总成本（初始投入成本是指对 2019 年持有基金的初始投入）为 75 776 元，当前总市值为 75 912 元，平均基金分红为 1 262 元。城镇地区家庭的基金市值为 76 176 元，农村地区家庭的基金市值为 63 326 元。

表 6-16　2019 年持有基金家庭的基金市值及投入情况　　单位：元

| 区域 | 均值 | | | 中位数 | | |
|---|---|---|---|---|---|---|
| | 基金市值 | 初始投入成本 | 当年分红 | 基金市值 | 初始投入成本 | 当年分红 |
| 全国 | 75 912 | 75 776 | 1 262 | 30 000 | 30 000 | 0 |
| 城镇 | 76 176 | 75 900 | 1 166 | 30 000 | 30 000 | 0 |
| 农村 | 63 326 | 69 907 | 6 335 | 50 000 | 70 000 | 0 |

（3）基金盈亏状况

如图 6-22 和图 6-23 所示，在 2019 年有三成多的基金持有家庭存在盈利（31.0%）和亏损（32.3%），其中亏损 1 万元以下和 1 万～5 万元的家庭占比分别为 19.2% 和 10.4%，合计占比 29.6%，盈利在 1 万元以下和 1 万～5 万元的家庭占比分别为 22.5% 和 6.2%，合计占比 28.7%。

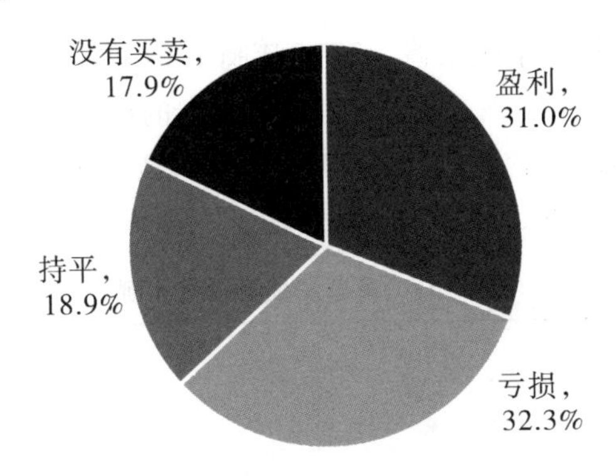


图 6-22 持有基金家庭在 2019 年的盈亏情况

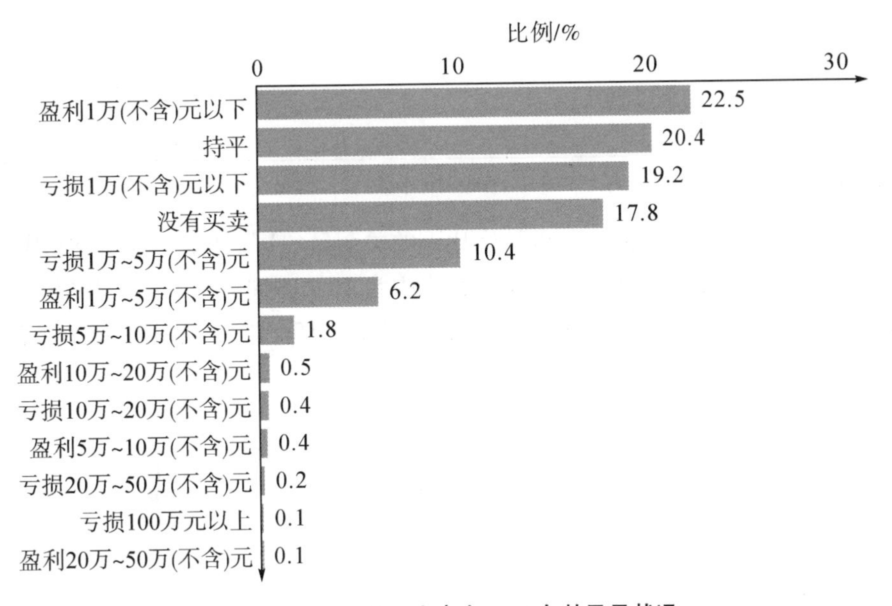


图 6-23 持有基金家庭在 2019 年的盈亏状况

## 6.4 债券

### 6.4.1 账户持有比例

如表 6-17 所示，从全国家庭来看，2019 年持有债券的比例为 0.3%。分城乡来看，城镇家庭持有债券的比例为 0.4%，农村家庭持有债券的比例不足 0.1%。分东、中、西部来看，东部地区家庭持有债券的比例为 0.4%；中部和西部地区家庭持有债券的比例均为 0.2%。可见，我国家庭债券平均持有比例总体处于较低水平。

**表 6-17 家庭的债券持有比例**

单位:%

| 区域 | 债券持有比例 |
|---|---|
| 全国 | 0.3 |
| 城镇 | 0.4 |
| 农村 | 0.0 |
| 东部 | 0.4 |
| 中部 | 0.2 |
| 西部 | 0.2 |

注：农村地区家庭的债券持有比例约为 0.03%（保留两位小数）。

如图 6-24 所示，户主年龄与债券持有比例的关系呈“U”形，户主为 56 周岁及以上的家庭持有债券比例最高，为 0.4%；其次是户主为 16~25 周岁的家庭，其持有债券比例为 0.3%；户主为 26~35 周岁的家庭持有债券比例为 0.1%，户主为 36~45 周岁的家庭持有债券比例最低，但与其相差不大。

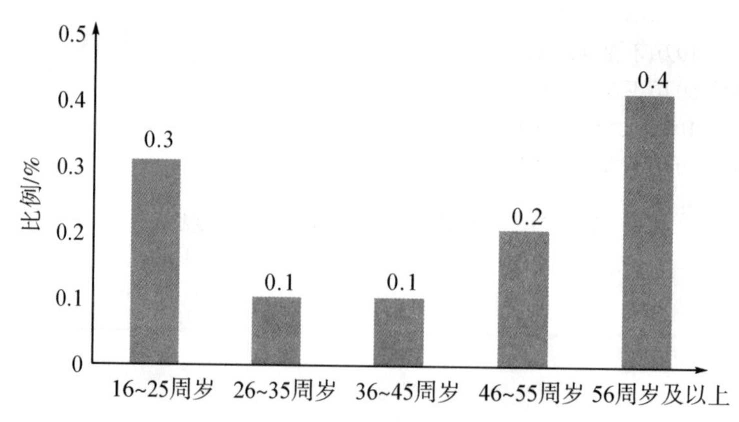


**图 6-24 户主年龄与家庭持有债券比例**

如图 6-25 所示，债券持有比例随着户主学历的上升而增加。户主为高中/高职和研究生学历的家庭持有债券比例最高，为 0.5%；户主没上过学的家庭持有债券比例最低，几乎为 0。

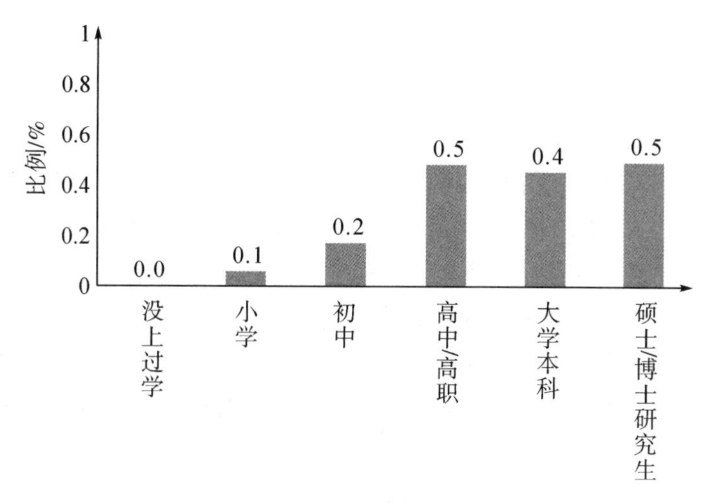


**图 6-25 户主学历与家庭持有债券比例**

### 6.4.2 债券持有金额

如表 6-18 所示，2019 年全国家庭持有的债券当前总市值均值为 102 937 元，中位数为 50 000 元；当年债券分红均值为 1 464 元，中位数为 0 元。城乡之间的家庭债券市值及分红差异明显，城镇中持有债券家庭的债券市值均值为 107 067 元，当年分红为 1 545 元，而农村中持有债券家庭的债券市值为 19 742 元，当年债券分红均值为 0 元。

分东、中、西部来看，东部地区持有债券的分红最高，均值为 2 409 元，中位数为 50 000 元；西部地区次之，中部地区最低。

**表 6-18 2019 年拥有债券家庭的债券市值、当年收入及分红情况** 单位：元

| 区域 | 均值 | | | 中位数 | | |
|---|---|---|---|---|---|---|
| | 债券市值 | 当年债券收入 | 当年分红 | 债券市值 | 当年债券收入 | 当年分红 |
| 全国 | 102 937 | 2 197 | 1 464 | 50 000 | 0 | 0 |
| 城镇 | 107 067 | 2 311 | 1 545 | 50 000 | 0 | 0 |
| 农村 | 19 742 | 0 | 0 | 20 000 | 0 | 0 |
| 东部 | 111 360 | 3 371 | 2 409 | 50 000 | 0 | 0 |
| 中部 | 119 375 | 435 | 23 | 30 000 | 0 | 0 |
| 西部 | 56 550 | 409 | 0 | 30 000 | 0 | 0 |

# 6.5　理财产品

## 6.5.1　是否持有理财产品及其原因

(1) 持有理财产品的比例

如表6-19所示，2019年持有互联网理财产品家庭的比例为12.6%，持有传统金融理财产品家庭的比例为7.2%。分城乡来看，城镇家庭持有互联网理财产品的比例达到16.5%，而农村地区家庭持有互联网理财产品的比例仅为5.6%；城镇家庭持有传统金融理财产品的比例为10.4%，而农村地区家庭持有传统金融理财产品的比例仅为1.4%。综上所述，城镇家庭的理财产品持有比例较农村家庭更高，同时更偏好互联网理财产品。分东、中、西部来看，东部地区家庭持有互联网理财产品的比例和持有传统金融理财产品的比例均最高，分别为15.4%和10.2%。

**表6-19　2019年家庭的理财产品持有比例**　　单位:%

| 区域 | 互联网理财产品持有比例 | 传统金融理财产品持有比例 |
|---|---|---|
| 全国 | 12.6 | 7.2 |
| 城镇 | 16.5 | 10.4 |
| 农村 | 5.6 | 1.4 |
| 东部 | 15.4 | 10.2 |
| 中部 | 11.5 | 4.9 |
| 西部 | 9.1 | 4.9 |

如表6-20所示，仅持有互联网理财产品的家庭占比2.5%，仅持有传统金融理财产品的家庭占比10%，持有两者的家庭仅占4.7%。有82.8%的家庭未持有任何理财产品，而持有理财产品的家庭中，仅有少数家庭（4.7%）同时持有互联网理财产品和传统金融理财产品两种理财产品，多数家庭仅持有其中的一种。

**表6-20　家庭理财产品的持有状况**　　单位:%

| 类别 | 占比 |
|---|---|
| 仅持有互联网理财产品 | 2.5 |
| 仅持有传统金融理财产品 | 10.0 |
| 持有两者 | 4.7 |
| 均未持有 | 82.8 |

如图 6-26 所示，互联网理财产品的持有比例随户主年龄的上升而下降，传统金融理财产品的持有比例在各个年龄段差别不大。其中 16~25 周岁的户主互联网理财产品持有比例最高，为 34.3%；其次是 26~35 周岁的户主，其互联网理财产品持有比例为 26.2%；再次是 36~45 周岁的户主，其互联网理财产品持有比例为 18.7%；互联网理财产品持有比例最低的是 56 周岁及以上年龄段的户主，其持有比例为 4.8%。传统金融理财产品持有比例最高的户主年龄段为 36~45 周岁，其持有比例为 9.6%。

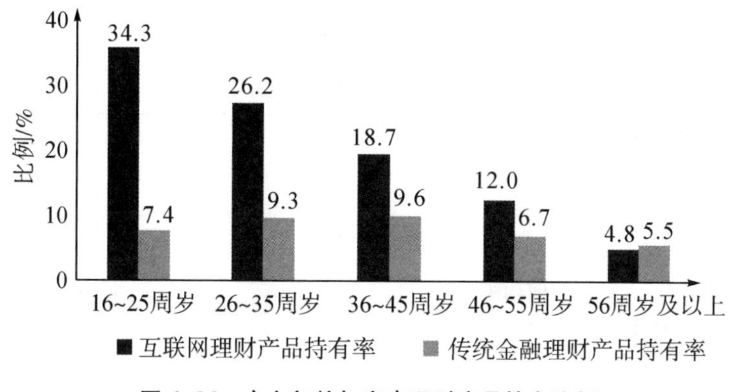


图 6-26 户主年龄与家庭理财产品持有比例

如图 6-27 所示，随着学历的上升，家庭互联网理财产品和传统金融理财产品的持有比例均在上升。其中持有比例最高的家庭户主学历为研究生学历，其家庭互联网理财产品

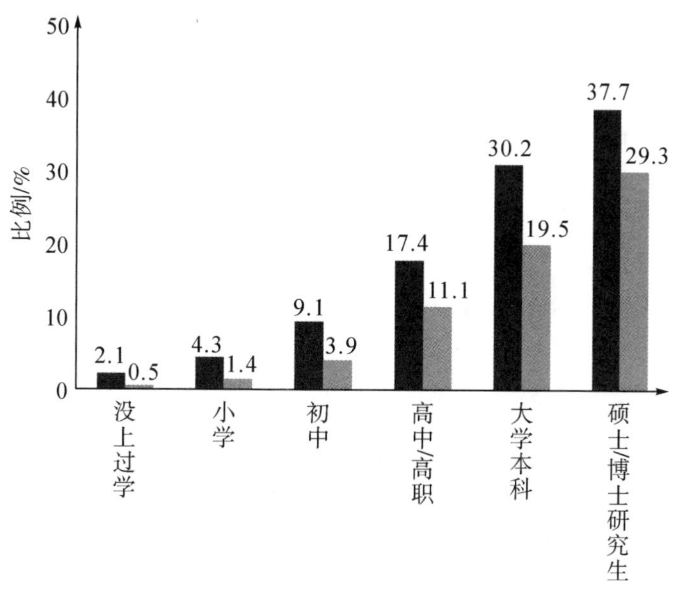


图 6-27 户主学历与家庭理财产品持有比例

持有比例为37.7%，传统金融理财产品持有比例为29.3%；其次是户主为大学本科学历的家庭，其互联网理财产品持有比例为30.2%，传统金融理财产品持有比例为19.5%；持有比例最低的为户主没上过学的家庭，其互联网理财产品持有比例为2.1%，传统金融理财产品持有比例为0.5%。并且在各个学历组，互联网理财产品的持有比例都显著地高于传统金融理财产品持有比例。

（2）未持有传统金融理财产品的原因分析

如表6-21所示，家庭未持有传统金融理财产品的三个最主要原因分别是：没有相关知识（54.2%）、资金有限（23.9%）、没兴趣/时间（25.2%）。

**表6-21　家庭未持有理财产品的原因分布**　　单位：%

| 未持有金融理财产品原因 | 占比 |
|---|---|
| 没有相关知识 | 54.2 |
| 没兴趣/时间 | 25.2 |
| 资金有限 | 23.9 |
| 购买程序复杂/不知道如何购买 | 17.4 |
| 产品风险高 | 9.2 |
| 没有上网的设备 | 8.2 |
| 收益低 | 6.1 |
| 流动性差 | 2.6 |
| 其他 | 2.6 |

注：本题为多选题。

（3）持有互联网理财产品的原因分析

如图6-28所示，家庭持有互联网理财产品的主要原因为方便转账，占比75.3%；其次的原因是有收益，占比36.3%；再次是风险低、安全，占比20.0%；最后是其他原因，占比2.2%。

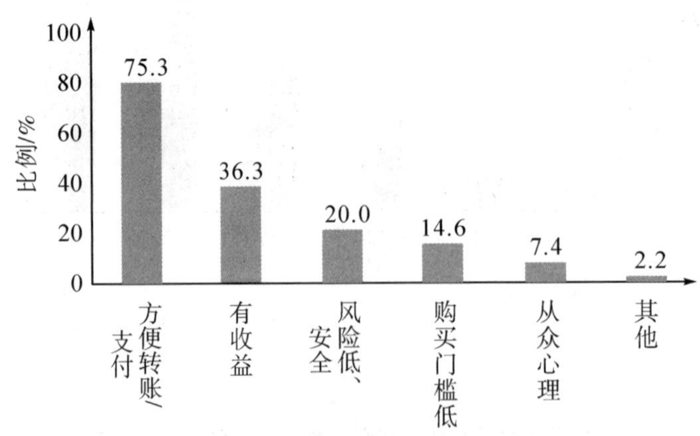


**图6-28　家庭持有互联网理财产品的原因分析**

注：本题目为多选题。

### 6.5.2 理财产品持有状况

（1）传统金融理财产品的购买渠道

如图 6-29 所示，有 68.0%的家庭从银行购买传统金融理财产品，有 21.0%的家庭从保险机构购买传统金融理财产品，有 16.3%的家庭从证券机构购买传统金融理财产品，有 8.7%的家庭从基金机构购买传统金融理财产品。

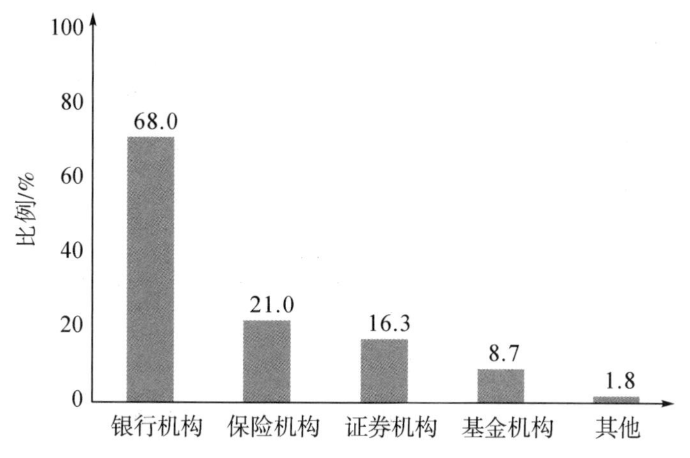


**图 6-29　家庭购买传统金融理财产品的机构**

注：本题目为多选题。

（2）理财产品的持有市值及收益

由表 6-22 可知，2019 年全国互联网理财产品的市值均值为 20 249 元，互联网理财产品收益平均为 820 元；全国传统金融理财产品的市值均值为 205 711 元，传统金融理财产品收益平均为 10 107 元。

分城乡来看，城镇互联网理财产品的市值均值为 22 037 元，互联网理财产品当年收益平均为 913 元，农村互联网理财产品的市值均值为 10 632 元，当年收益平均为 321 元。城镇传统金融理财产品的市值均值为 213 942 元，当年收益平均为 10 521 元；农村传统金融理财产品的市值均值为 95 531 元，当年收益平均为 4 727 元。无论是互联网理财产品还是传统金融理财产品，其市值和当年收益在城乡之间均存在显著的差异。

东、中、西部之间，无论从互联网理财产品的市值还是从当年收益来看，东部的均值都依次高于西部地区和中部地区；同样，无论从传统金融理财产品的市值还是从当年收益来看，东部地区的均值都依次高于西部地区和中部地区。从中位数来看，除了在互联网理财产品收益上中部地区高于西部地区，其他结果与均值大致相同。同时，在全国和各个地区，家庭投入传统金融理财产品的市值都高于互联网理财产品的市值。

表 6-22　2019 年持有理财产品家庭的理财产品市值及收益情况　　单位：元

| 区域 | 均值 | | | |
|---|---|---|---|---|
| | 互联网理财产品市值 | 互联网理财产品当年收益 | 传统金融理财产品市值 | 传统金融理财产品当年收益 |
| 全国 | 20 248 | 820 | 205 711 | 10 107 |
| 城镇 | 22 037 | 913 | 213 942 | 10 521 |
| 农村 | 10 632 | 321 | 95 531 | 4 548 |
| 东部 | 24 711 | 1 052 | 254 466 | 11 873 |
| 中部 | 15 240 | 538 | 124 724 | 7 232 |
| 西部 | 14 943 | 581 | 128 182 | 7 249 |
| | 中位数 | | | |
| 全国 | 3 500 | 110 | 100 000 | 2 000 |
| 城镇 | 5 000 | 150 | 100 000 | 2 000 |
| 农村 | 1 000 | 40 | 50 000 | 1 100 |
| 东部 | 5 000 | 158 | 100 000 | 3 000 |
| 中部 | 2 000 | 100 | 50 000 | 750 |
| 西部 | 2 000 | 80 | 95 661 | 2 000 |

注：互联网理财产品的市值及收入仅针对 2019 年持有互联网理财产品的家庭，同理，传统金融理财产品的市值及收入仅针对 2019 年持有传统金融理财产品的家庭。

如图 6-30 所示，户主为 46~55 周岁年龄段的家庭理财产品市值最高，其中互联网理财产品市值为 15 407 元，传统金融理财产品市值为 220 271 元；其次是 36~45 周岁的户主，其家庭互联网理财产品市值为 23 848 元，传统金融理财产品市值为 211 645 元；再次是 56 周岁及以上的户主，其家庭互联网理财产品市值为 16 935 元，传统金融理财产品市值为 211 090 元；其次是 26~35 周岁的户主，其家庭互联网理财产品市值为 25 185 元，传统金融理财产品市值为 171 741 元；最后是 16~25 周岁的户主，其家庭互联网理财产品市值为 11 517 元，传统金融理财产品市值为 75 906 元。

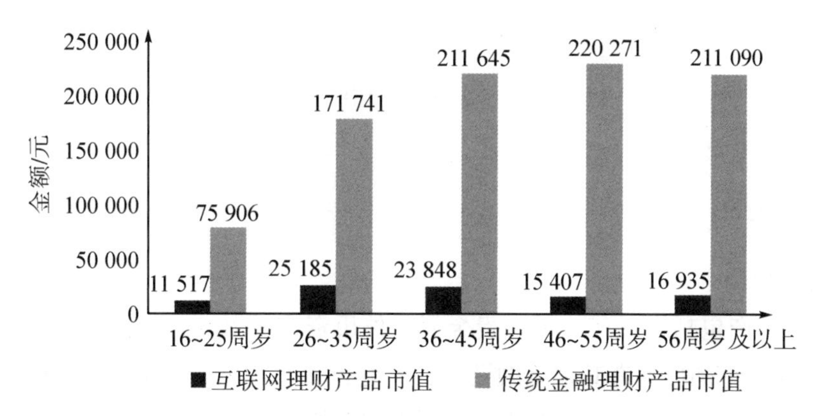


**图 6-30　户主年龄与家庭理财产品市值**

如图 6-31 所示，学历为小学学历及以上的户主，总体上其家庭理财产品市值逐渐上升。其中，家庭理财产品市值最高的是户主为研究生学历的家庭，其互联网理财产品市值为 46 891 元，其传统金融理财产品市值为 277 818 元；其次是户主为大学本科学历的家庭，其互联网理财产品市值为 28 717 元，其传统金融理财产品市值为 273 038 元；再次是户主为高中/高职学历的家庭，其互联网理财产品市值为 21 465 元，其传统金融理财产品市值为 184 332 元；家庭理财产品市值最低的是户主学历为小学的家庭，其互联网理财产品市值为 8 984 元，其传统金融理财产品市值为 120 099 元。

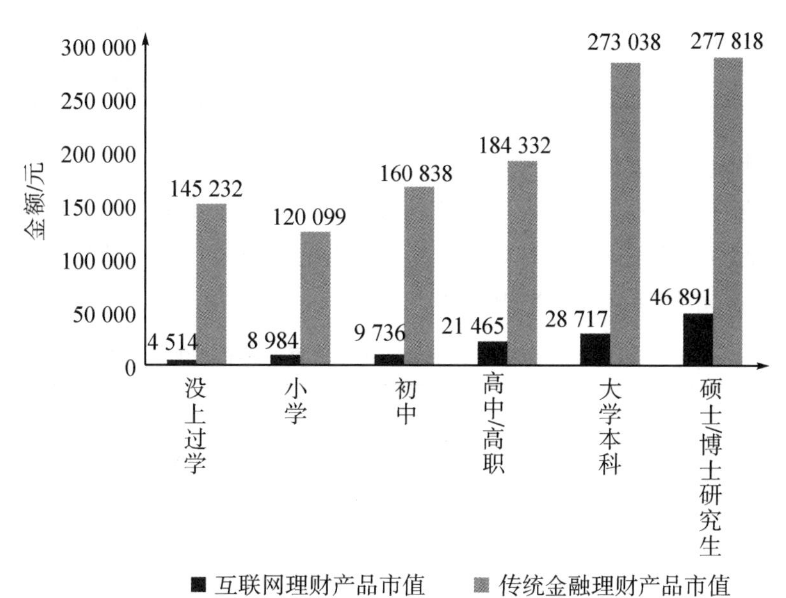


**图 6-31　户主学历与家庭理财产品市值**

## 6.6 其他金融资产

### 6.6.1 其他正规风险资产

（1）持有比例

其他金融资产包括金融衍生品、贵金属、外币资产及其他风险金融资产四类。如表6-23所示，全国范围内持有其他金融资产的家庭占比0.6%，城镇占比0.8%，农村占比0.1%。分东、中、西部来看，东部地区家庭持有其他金融资产的比例高于中部和西部地区家庭。

**表6-23　家庭其他金融资产持有比例**　　单位:%

| 区域 | 比例 |
|---|---|
| 全国 | 0.6 |
| 城镇 | 0.8 |
| 农村 | 0.1 |
| 东部 | 0.8 |
| 中部 | 0.4 |
| 西部 | 0.4 |

（2）持有市值及收益

如表6-24所示，在持有其他金融资产的家庭中，持有外币资产的市值均值为675 753元，持有贵金属的市值均值为263 040元，持有其他金融资产的市值均值为225 138元，持有金融衍生品的市值均值为128 395元。

**表6-24　2019年持有其他金融资产家庭的持有市值及收益**　　单位：元

| 类别 | 市值 | | 收益 | |
|---|---|---|---|---|
| | 均值 | 中位数 | 均值 | 中位数 |
| 金融衍生品 | 128 395 | 10 000 | 123 889 | 50 000 |
| 贵金属 | 263 040 | 20 000 | 7 135 | 3 000 |
| 外币资产 | 675 753 | 10 000 | 18 312 | 5 000 |
| 其他风险金融资产 | 225 138 | 120 000 | 34 769 | 25 000 |

注：仅针对持有相应金融资产的家庭。

### 6.6.2 现金

(1) 现金持有比例及额度

如表 6-25 所示，2019 年全国大部分家庭持有的现金额度在 1 000 元及以下，占比 56.5%；其中城镇家庭手持现金额度在 1 000 元及以下的占比 55.3%，农村家庭手持同等现金额度的占比 58.9%；城镇家庭手持现金额度在 1 001~5 000 元的占比 26.8%，农村家庭手持同等现金额度的占比 25.7%；城镇家庭手持现金额度在 5 001~10 000 元的占比 7.7%，农村家庭手持同等现金额度的占比 7.7%；城镇家庭手持现金额度在 10 001~50 000 元的占比 7.1%，而农村家庭手持同等现金额度的占比 6.2%；城镇家庭手持现金额度在 100 000 元（不含）以上的占比 1.4%，而农村的该比例仅为 0.6%。

**表 6-25　2019 年家庭手持现金额度分布**　单位:%

| 手持现金额度 | 全国 | 城镇 | 农村 |
| --- | --- | --- | --- |
| 1 000 元及以下 | 56.5 | 55.3 | 58.9 |
| 1 001~5 000 元 | 26.4 | 26.8 | 25.7 |
| 5 001~10 000 元 | 7.7 | 7.7 | 7.7 |
| 10 001~50 000 元 | 6.8 | 7.1 | 6.2 |
| 50 001~100 000 元 | 1.5 | 1.7 | 1.0 |
| 100 000 元（不含）以上 | 1.1 | 1.4 | 0.6 |

### 6.6.3 借出款

(1) 借出款持有比例

表 6-26 显示，全国 16.6%的家庭有借出款。分城乡来看，城镇家庭有借出款的比例为 18.7%，农村家庭有借出款的比例为 12.7%，低于城镇 6 个百分点。分东、中、西部来看，东部地区家庭有借出款的比例最高，为 17.4%，中部地区为 15.0%，西部地区为 17.1%。

**表 6-26　家庭借出款比例**　单位:%

| 区域 | 借出款 | 网络平台借出 |
| --- | --- | --- |
| 全国 | 16.6 | 0.8 |
| 城镇 | 18.7 | 1.0 |
| 农村 | 12.7 | 0.5 |
| 东部 | 17.4 | 0.9 |
| 中部 | 15.0 | 0.7 |
| 西部 | 17.1 | 0.8 |

注：若家庭借钱给家庭成员以外的人或机构，则算家庭有借出款。后同。

全国0.8%的家庭有网络平台借出款。分城乡来看，城镇家庭有网络平台借出款的比例为1.0%，农村家庭有网络平台借出款的比例为0.5%。分东、中、西部来看，东部地区家庭有网络平台借出款的比例最高，为0.9%，中部地区为0.7%，西部地区为0.8%。

如图6-32所示，户主年龄为16~25周岁的家庭借出款金额最低，为27 406元。户主年龄在36~45周岁的家庭借出款金额最高，为94 713元。此后，户主借出款金额随着年龄的增长而减少，户主年龄在46~55周岁和56周岁及以上家庭的借出款金额分别为91 256元和72 282元。

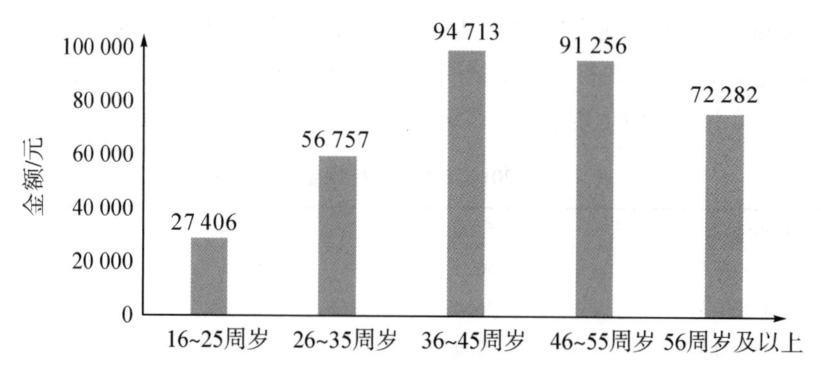


图6-32　户主年龄与家庭借出款额度

（2）借出款额度

表6-27统计了全国城乡区域家庭借出款额度的情况。2019年全国家庭借出款额度均值为80 760元，中位数为20 000元；其中城镇家庭借出款额度均值为96 591元，中位数为30 000元，农村家庭借出款额度均值为38 552元，中位数为20 000元，均低于城镇家庭。

表6-27　家庭借出款额度　　单位：元

| 区域 | 借出款额度（均值） | 借出款额度（中位数） |
|---|---|---|
| 全国 | 80 760 | 20 000 |
| 城镇 | 96 591 | 30 000 |
| 农村 | 38 552 | 20 000 |
| 东部 | 98 472 | 30 000 |
| 中部 | 62 780 | 20 000 |
| 西部 | 68 951 | 20 000 |

注：对于借出款额度仅计算有借出款的家庭。

分东、中、西部来看，东部地区家庭借出款额度均值为98 472元，中位数为30 000元；中部地区家庭借出款额度均值为62 780元，中位数为20 000元；西部地区家庭借出款额度均值为68 951元，中位数为20 000元。可以看出东部、西部、中部地区家庭借出款额度的均值呈现出依次递减的趋势。

如图 6-33 所示，家庭借出款额度随着户主学历的上升，呈先上升后下降的趋势。家庭借出款额度的拐点在大学本科学历户主，即户主为大学本科学历以下的家庭借出款额度逐步上升，户主为大学本科学历以上的家庭借出款额度逐步下降。户主没上过学的家庭借出款额度为 27 361 元，户主为小学学历的家庭借出款额度为 40 303 元，户主为初中和高中/高职学历的家庭借出款额度分别为 57 771 元和 93 077 元，户主为大学本科学历的家庭借出款额度最高，为 145 781 元，户主为研究生学历的家庭借出款额度为 83 644 元。

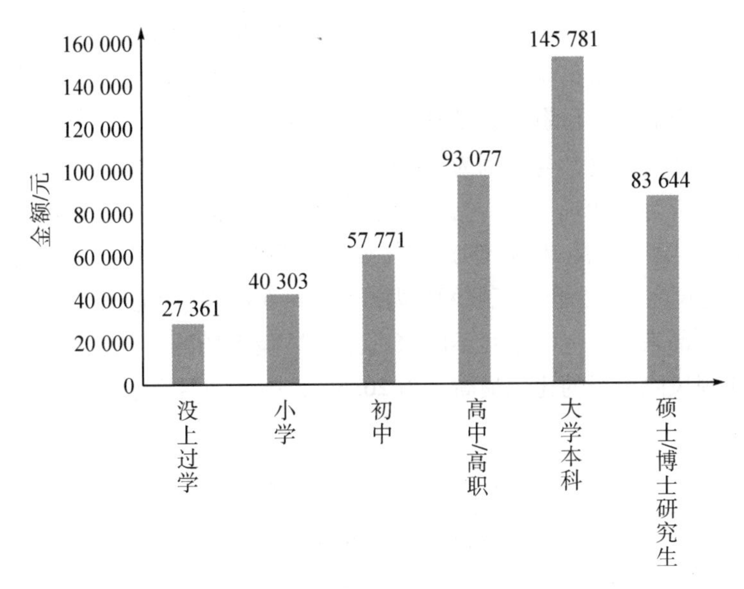


**图 6-33　户主学历与家庭借出款额度**

## 6.7　金融市场参与比例及金融资产配置

### 6.7.1　金融市场参与比例

（1）银行存款市场参与比例

如表 6-28 所示，全国家庭的银行存款市场参与比例为 80.7%，其中活期存款参与比例为 79.4%，定期存款参与比例为 17.6%。城镇家庭的银行存款市场参与比例为 86.9%，农村家庭的银行存款市场参与比例为 69.6%，城镇家庭的银行存款市场参与比例显著高于农村家庭。地区之间，西部家庭的银行存款市场参与比例最高，为 83.2%；中部家庭的银行存款市场参与比例最低，为 76.2%。

表 6-28 家庭银行存款市场参与比例

单位:%

| 类别 | 全国 | 城镇 | 农村 | 东部 | 中部 | 西部 |
|---|---|---|---|---|---|---|
| 银行存款市场总体 | 80.7 | 86.9 | 69.6 | 82.7 | 76.2 | 83.2 |
| 活期存款 | 79.4 | 85.6 | 68.1 | 80.9 | 79.4 | 85.6 |
| 定期存款 | 17.6 | 20.2 | 12.9 | 22.5 | 17.6 | 20.2 |

(2) 正规风险金融市场参与比例

正规风险金融市场的参与,主要指的是家庭是否持有股票、基金、债券、互联网理财产品、金融理财产品、金融衍生品、贵金属和外币资产等风险金融产品。其他金融资产包括金融衍生品、贵金属、外币资产以及其他未提及的风险金融资产。从表 6-29 可知,全国正规风险市场总体的家庭参与比例为 20.7%,其中城镇家庭的参与比例为 28.3%,而农村家庭的参与比例仅为 6.9%,城乡差距明显。其中,城镇家庭参与率最高的两项正规风险金融产品为互联网理财产品(16.5%)和传统金融理财产品(10.4%);农村家庭参与率最高的两项正规风险金融产品也是互联网理财产品(5.6%)和传统金融理财产品(1.4%)。

从东、中、西部来看,地区之间不同家庭正规风险市场的参与比例也存在显著差异。东部家庭参与正规风险市场的比例最高,为 26.5%;中部和西部家庭参与正规风险市场的比例分别为 16.8%和 15.5%。

表 6-29 家庭正规风险市场参与比例

单位:%

| 类别 | 全国 | 城镇 | 农村 | 东部 | 中部 | 西部 |
|---|---|---|---|---|---|---|
| 正规风险市场总体 | 20.7 | 28.3 | 6.9 | 26.5 | 16.8 | 15.5 |
| 股票 | 6.7 | 10.2 | 0.4 | 9.8 | 4.4 | 4.4 |
| 基金 | 2.1 | 3.2 | 0.1 | 3.0 | 1.2 | 1.7 |
| 债券 | 0.3 | 0.4 | 0.0 | 0.4 | 0.2 | 0.2 |
| 互联网理财产品 | 12.6 | 16.5 | 5.6 | 15.4 | 11.5 | 9.1 |
| 传统金融理财产品 | 7.2 | 10.4 | 1.4 | 10.2 | 4.9 | 4.9 |
| 其他风险金融资产 | 0.6 | 0.8 | 0.1 | 0.8 | 0.4 | 0.4 |

如图 6-34 所示,从户主年龄来看,户主年龄在 16~25 周岁之间的家庭,风险市场参与比例最高,为 39.5%;其次是户主年龄在 26~35 周岁之间的家庭,风险市场参与比例为 34.1%;户主年龄在 36~45 周岁之间的家庭,风险市场参与比例为 29.0%;户主年龄在 46~55 周岁之间的家庭,风险市场参与比例为 19.6%;户主年龄在 56 周岁及以上的家庭,风险市场参与比例最低,为 12.1%。整体情况表明,家庭对正规风险金融市场的参与随着年龄的增加而呈现下降趋势。

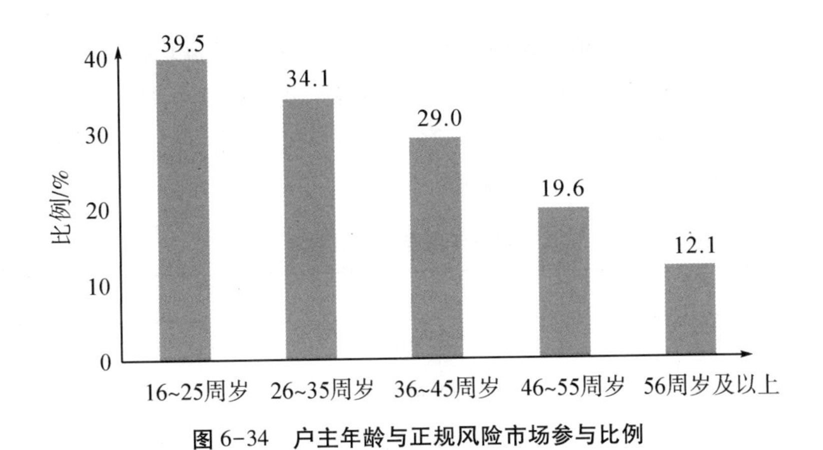


**图 6-34　户主年龄与正规风险市场参与比例**

### 6.7.2　金融资产规模及结构

（1）金融资产规模

我们将金融资产划分为风险金融资产和无风险金融资产。风险金融资产为股票、基金、理财、非人民币货币、黄金、债券、金融衍生品等；无风险资产为存款、现金等。如表 6-30 所示，全国家庭金融资产均值为 66 037 元，其中无风险金融资产为 35 607 元，风险金融资产为 30 430 元。分城乡来看，城镇家庭的金融资产均值为 90 370 元，其中无风险资产的均值为 45 251 元，风险资产均值为 45 119 元。农村家庭的无风险资产均值为 17 354 元，远高于风险资产均值的 2 628 元。

分东、中、西部来看，东部家庭的总金融资产平均值为 99 956 元，高于全国平均水平，约为中部和西部的两倍多，其中无风险资产的均值为 50 410 元，风险资产为 49 546 元。从总体来看，我国家庭的金融资产规模，城镇高于农村，东部地区高于中、西部地区，地区差异显著，但是风险资产的中位数均为 0 元。

**表 6-30　家庭风险资产和无风险资产规模**　　单位：元

| 区域 | 均值 | | | 中位数 | | |
|---|---|---|---|---|---|---|
| | 无风险资产 | 风险资产 | 金融资产总额 | 无风险资产 | 风险资产 | 金融资产总额 |
| 全国 | 35 607 | 30 430 | 66 037 | 2 400 | 0 | 3 500 |
| 城镇 | 45 251 | 45 119 | 90 370 | 3 000 | 0 | 6 000 |
| 农村 | 17 354 | 2 628 | 19 981 | 2 000 | 0 | 2 000 |
| 东部 | 50 410 | 49 546 | 99 956 | 5 000 | 0 | 10 000 |
| 中部 | 22 487 | 14 422 | 36 909 | 2 000 | 0 | 2 000 |
| 西部 | 24 697 | 15 125 | 39 822 | 2 000 | 0 | 2 000 |

注：表中数据基于金融资产大于 0 的家庭样本计算而来。

如表 6-31 所示，户主为 36~45 周岁的家庭，金融资产总额均值最高，为 81 161 元，其次为户主年龄在 26~35 周岁与 45~55 周岁之间的家庭，总额分别为 69 694 元与 68 836 元，随后是户主年龄在 56 周岁及以上的家庭，总额为 55 151 元。户主在 16~25 周岁之间的家庭金融资产总额最少，仅为 36 504 元。

**表 6-31　户主年龄与家庭金融资产规模**

单位：元

| 年龄 | 均值 | 中位数 |
|---|---|---|
| 16~25 周岁 | 36 504 | 5 000 |
| 26~35 周岁 | 69 694 | 7 000 |
| 36~45 周岁 | 81 161 | 5 500 |
| 45~55 周岁 | 68 836 | 3 000 |
| 56 周岁及以上 | 55 151 | 2 500 |

如表 6-32 所示，户主没有上过学的家庭，其金融资产规模的均值为 10 642 元，中位数为 1 000 元；户主学历为小学和初中的家庭，其金融资产规模分别为 18 467 元和 38 917 元，中位数为 1 500 元和 3 000 元；户主学历为高中/高职的家庭，其金融资产规模均值达到了 90 769 元，中位数为 10 000 元；户主学历为大学本科的家庭，其金融资产规模均值为 170 574 元，中位数为 25 000 元；户主学历最高的研究生家庭，其金融资产规模也最高，其均值为 275 944 元，中位数为 100 000 元。从总体来看，随着户主学历的提高，其家庭金融资产规模在不断增加。

**表 6-32　户主学历与家庭金融资产规模**

单位：元

| 学历 | 均值 | 中位数 |
|---|---|---|
| 没上过学 | 10 642 | 1 000 |
| 小学 | 18 467 | 1 500 |
| 初中 | 38 917 | 3 000 |
| 高中/高职 | 90 769 | 10 000 |
| 大学本科 | 170 574 | 25 000 |
| 硕士/博士研究生 | 275 944 | 100 000 |

（2）金融资产配置

表 6-33 表示家庭金融资产配置情况。从总体来看，家庭主要选择无风险资产，在有金融资产的家庭中无风险资产占比 86. 5%，而风险资产占比 13. 5%。分城乡来看，农村家庭的无风险资产占比 96. 5%，较城镇无风险资产占比高 15. 3 个百分点。农村家庭的风险资产占比 3. 5%，与城镇的 18. 8%存在较大差距。分东、中、西部来看，东部地区家庭的

无风险资产占比最低，为 82.9%；而东部地区家庭的风险资产占比最高，为 17.1%。西部地区无风险资产占比最高，为 90.4%，而其风险资产占比最低，为 9.6%。

**表 6-33　家庭金融资产配置**

单位:%

| 区域 | 无风险资产占比 | 风险资产占比 |
| --- | --- | --- |
| 全国 | 86.5 | 13.5 |
| 城镇 | 81.2 | 18.8 |
| 农村 | 96.5 | 3.5 |
| 东部 | 82.9 | 17.1 |
| 中部 | 88.7 | 11.3 |
| 西部 | 90.4 | 9.6 |

如表 6-34 所示，户主为 16~25 周岁的家庭风险资产占比最高，为 35.4%；户主年龄在 26~35 周岁之间的家庭，风险资产占比 25.4%；户主年龄在 36~45 周岁之间的家庭，风险资产占比 18.5%；户主年龄在 45~55 周岁之间的家庭，风险资产占比 11.9%；户主年龄在 56 周岁及以上的家庭，风险资产占比最低，为 7.6%。

**表 6-34　户主年龄与家庭金融资产配置**

单位:%

| 年龄 | 无风险资产占比 | 风险资产占比 |
| --- | --- | --- |
| 16~25 周岁 | 65.6 | 35.4 |
| 26~35 周岁 | 74.6 | 25.4 |
| 36~45 周岁 | 81.5 | 18.5 |
| 45~55 周岁 | 88.1 | 11.9 |
| 56 周岁及以上 | 92.4 | 7.6 |

如表 6-35 所示，户主没有上过学的家庭风险资产占比最低，仅为 1.4%；户主学历为高中/高职的家庭风险资产占比上升至 19.5%，而户主学历为研究生的家庭风险资产占比最高，达到了 47.1%。由此可见，随着户主学历的上升，家庭风险资产占总金融资产的比例不断增加。

**表 6-35　户主学历与家庭金融资产配置**

单位:%

| 学历 | 无风险资产占比 | 风险资产占比 |
| --- | --- | --- |
| 没上过学 | 98.6 | 1.4 |
| 小学 | 97.0 | 3.0 |
| 初中 | 91.7 | 8.3 |
| 高中/高职 | 80.5 | 19.5 |
| 大学本科 | 66.1 | 33.9 |
| 硕士/博士研究生 | 52.9 | 47.1 |

# 7　家庭负债

## 7.1　家庭负债概况

### 7.1.1　家庭负债地区差异

由表 7-1 可知，在全国家庭中，30.4%的家庭有债务；在城镇家庭中，29.5%的家庭有债务；在农村家庭中，32.0%的家庭有债务。全国家庭全样本户均债务为 88 984 元，有债家庭户均债务为 208 078 元，有债家庭债务中位数为 70 000 元；城镇家庭全样本户均债务为 126 890 元，有债家庭户均债务为 281 235 元，有债家庭债务中位数为 118 600 元；农村家庭全样本户均债务为 34 804 元，有债家庭户均债务为 88 336 元，有债家庭债务中位数为 35 000 元。由此可见，虽然我国农村家庭负债比例高于城镇和全国水平，但平均负债规模较小。

**表 7-1　家庭负债总体概况**

| 区域 | 有债家庭占比 /% | 户均债务 (全样本)/元 | 户均债务 (有债家庭)/元 | 债务中位数 (有债家庭)/元 |
|---|---|---|---|---|
| 全国 | 30.4 | 88 984 | 208 078 | 70 000 |
| 城镇 | 29.5 | 126 890 | 281 235 | 118 600 |
| 农村 | 32.0 | 34 804 | 88 336 | 35 000 |
| 东部 | 26.2 | 110 303 | 295 266 | 100 000 |
| 中部 | 31.9 | 69 007 | 153 580 | 56 000 |
| 西部 | 36.0 | 75 944 | 151 863 | 61 500 |

如图 7-1 所示，分地区来看，我国东部地区有债家庭比例为 26.2%，全样本户家庭户均债务为 110 303 元；中部地区有债家庭比例为 31.9%，中部地区全样本户家庭户均债务为 69 007 元；西部地区有债家庭比例为 36.0%，西部地区全样本户家庭户均债务为 75 944 元。由此可见，我国西部地区家庭负债的比例最高，但是东部地区家庭的负债规模最大。

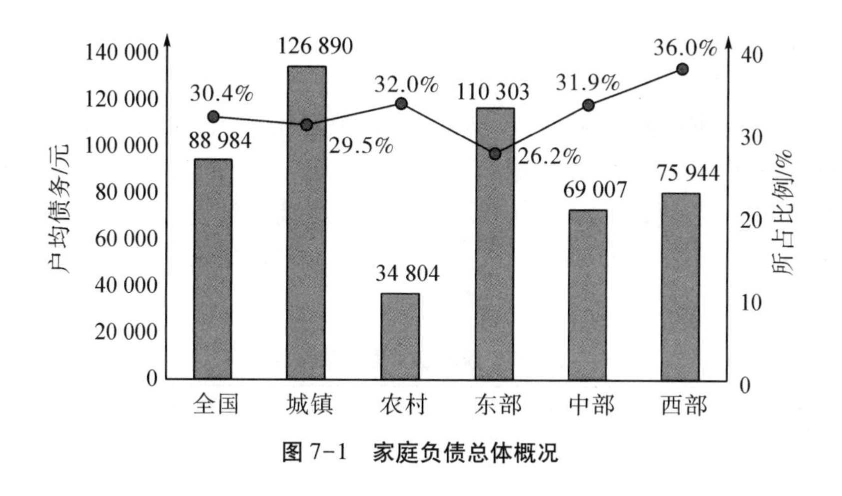


**图 7-1　家庭负债总体概况**

### 7.1.2　家庭负债用途差异

表 7-2 列出了有债务样本家庭各项负债的占比情况。可以看出，全国家庭中房产负债占比最大，为 18.5%，其次是经营性负债占比为 8.7%，教育负债占比最小，为 3.0%。分城乡来看，城镇家庭的负债占比略低于农村家庭，前者为 29.5%，后者为 32.0%；城镇家庭负债占比最高的一项为房产负债，为 20.7%，农村家庭负债占比最高的一项也是房产负债，为 14.4%；城镇家庭农业和工商业经营性负债为 3.1%，农村家庭农业和工商业经营性负债为 18.7%。综上可知，我国家庭的生产经营负债存在区域差异，落后地区的生产经营负债比例较高，而这一现象在房屋负债中相反，发达地区的房屋负债占比高于落后地区。

**表 7-2　家庭各类型负债**　　单位:%

| 类别 | 全国 | 城镇 | 农村 |
|---|---|---|---|
| 总负债 | 30.4 | 29.5 | 32.0 |
| 农业负债 | 4.2 | 0.9 | 10.2 |
| 工商业负债 | 4.5 | 2.2 | 8.5 |
| 房产负债 | 18.5 | 20.7 | 14.4 |
| 汽车负债 | 3.6 | 4.3 | 2.4 |
| 教育负债 | 3.0 | 2.2 | 4.6 |
| 医疗负债 | 4.3 | 2.7 | 7.0 |
| 其他负债 | 3.2 | 2.7 | 4.0 |

7.1.3 家庭负债结构

表 7-3 列出了有债务样本家庭中各项负债的均值情况。全国范围家庭的总负债平均数额为 72 490 元，有债家庭的平均负债数额为 208 078 元。在全国的家庭中，房产负债数额最大，有债家庭平均负债数额为 278 618 元，其次是工商业负债，为 269 934 元，有债家庭的教育负债数额最小，为 22 684 元。分城乡来看，城镇有债家庭的负债额度显著高于农村有债家庭。

**表 7-3 家庭各类型负债额度** 单位：元

| 类别 | 有相应负债的家庭 | | | 全部家庭 | | |
|---|---|---|---|---|---|---|
| | 全国 | 城镇 | 农村 | 全国 | 城镇 | 农村 |
| 总负债 | 208 078 | 281 235 | 88 336 | 88 984 | 126 890 | 34 804 |
| 农业负债 | 44 979 | 93 232 | 37 788 | 3 007 | 1 253 | 6 195 |
| 工商业负债 | 269 934 | 313 871 | 149 516 | 9 912 | 13 089 | 4 136 |
| 房产负债 | 278 618 | 346 734 | 101 756 | 49 946 | 69 559 | 14 292 |
| 汽车负债 | 46 407 | 53 765 | 30 032 | 2 061 | 2 554 | 1 165 |
| 教育负债 | 22 684 | 26 532 | 19 327 | 681 | 575 | 873 |
| 医疗负债 | 38 595 | 49 350 | 30 997 | 1 640 | 1 345 | 2 175 |
| 信用卡负债 | 27 718 | 28 657 | 20 178 | 1 191 | 1 697 | 270 |
| 其他非金融资产负债 | 26 175 | 37 731 | 14 237 | 173 | 197 | 131 |
| 其他金融资产负债 | 58 999 | 61 410 | 30 582 | 79 | 117 | 9 |
| 其他负债 | 119 252 | 141 487 | 91 378 | 3 801 | 3 889 | 3 642 |

注：本报告对部分负债的极端离群值进行了缩尾处理，均值所得数据均是做了极值处理之后的。其他负债包括金融投资负债、耐用品和奢侈品负债以及其他未提及的负债。后同。

如图 7-2 所示，在全样本家庭中，中国家庭总负债中占比最大的是住房负债，占比 68.9%；其次是经营性负债，占比 17.8%，两项合计占到 86.7%。可以看出我国家庭债务类型主要为住房负债和农业、工商业生产经营性负债。

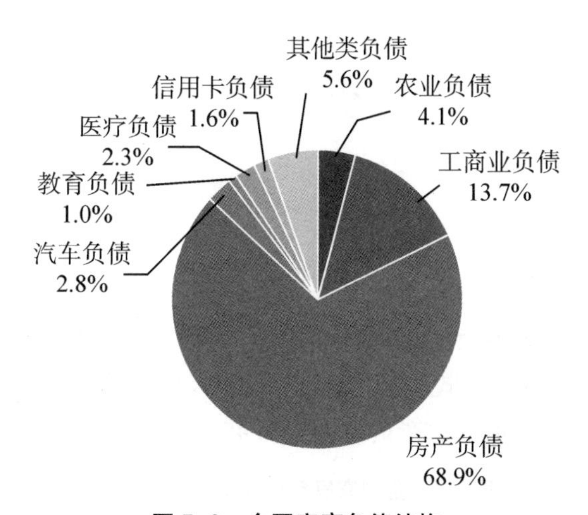


**图 7-2 全国家庭负债结构**

注：这里其他类负债包括其他金融投资负债、其他非金融资产负债和其他未提及的负债。

图 7-3 是分城乡的家庭负债结构情况。在城镇地区，家庭负债结构比例与全国的家庭负债结构比例趋同。其中房产负债占比最高，达到了 73. 8%，其次为经营负债占负债比例的 15. 2%。两项负债合计占比 89%。农村地区家庭负债结构比例与全国和城镇的家庭负债结构比例有显著差异。房产负债占负债比例的 43. 5%，工商业经营负债是 12. 6%，两项负债合计占比 56. 1%。剩余的债务中，农业负债占 18. 8%，比例也较高。农村家庭的医疗负债占比显著高于城镇家庭，为 6. 6%。

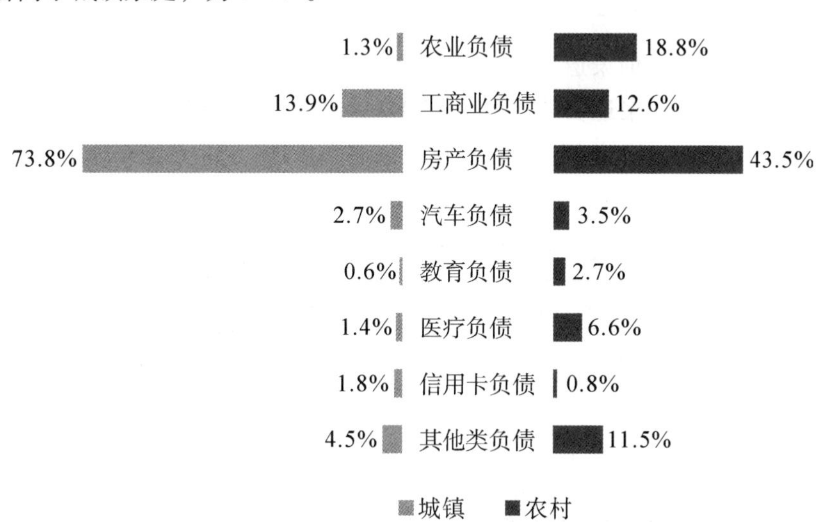


**图 7-3 城乡家庭负债结构**

注：这里其他类负债包括其他金融投资负债、其他非金融资产负债和其他未提及的负债。

## 7.2 家庭负债渠道

### 7.2.1 家庭不同渠道负债参与情况

表 7-4 为全国家庭负债渠道参与情况。全国家庭总体负债比例为 30.4%，正规渠道负债比例为 17.5%，非正规渠道负债比例为 17.8%，两者均有的占 5.0%。其中，正规渠道的工商业经营负债占比 1.4%，非正规渠道的工商业经营负债占比 3.1%；正规渠道的房产负债占比 11.8%，非正规渠道的房产负债占比 9.4%。

**表 7-4 全国家庭负债渠道的参与情况**　　单位:%

| 类别 | 总负债 | 农业负债 | 工商业负债 | 房产负债 | 汽车负债 | 教育负债 | 医疗负债 | 其他负债 |
|---|---|---|---|---|---|---|---|---|
| 总体 | 30.4 | 4.2 | 4.5 | 18.5 | 3.6 | 3.0 | 4.3 | 3.2 |
| 正规渠道参与 | 17.5 | 1.7 | 1.4 | 11.8 | 2.7 | 1.1 | 0.3 | 0.8 |
| 非正规渠道参与 | 17.8 | 3.1 | 3.1 | 9.4 | 1.0 | 2.1 | 4.1 | 2.5 |
| 两者均有 | 5.0 | 0.6 | 0.0 | 2.7 | 0.1 | 0.2 | 0.1 | 0.2 |

注：正规渠道信贷包含从银行、信用社等正规金融机构融资，非正规渠道信贷为从亲朋好友、民间金融组织等民间融资渠道融资。本报告的其他负债包括金融投资负债、医疗负债、耐用品和奢侈品负债以及其他未提及的负债，其中仅金融投资负债明确询问了负债渠道，其他未询问渠道的统一归入民间负债渠道。

表 7-5 为城镇家庭负债渠道参与情况。城镇家庭总体负债比例为 29.5%，正规渠道负债比例为 20.5%，非正规渠道负债比例为 13.8%，两者均有的占 4.8%。房产负债总体占比 20.7%，其中，正规渠道为 15.9%，非正规渠道为 8.0%，两者均有的比例为 3.2%。汽车负债总体占比 4.3%，其中，正规渠道为 3.4%，非正规渠道为 1.0%。

**表 7-5 城镇家庭负债渠道的参与情况**　　单位:%

| 类别 | 总负债 | 农业负债 | 工商业负债 | 房产负债 | 汽车负债 | 教育负债 | 医疗负债 | 其他负债 |
|---|---|---|---|---|---|---|---|---|
| 总体 | 29.5 | 0.9 | 2.2 | 20.7 | 4.3 | 2.2 | 2.7 | 2.7 |
| 正规渠道参与 | 20.5 | 0.4 | 1.7 | 15.9 | 3.4 | 0.7 | 0.2 | 0.8 |
| 非正规渠道参与 | 13.8 | 0.6 | 0.6 | 8.0 | 1.0 | 1.6 | 2.6 | 2.1 |
| 两者均有 | 4.8 | 0.1 | 0.0 | 3.2 | 0.1 | 0.1 | 0.1 | 0.2 |

表 7-6 为农村家庭负债渠道参与情况。农村家庭总体负债比例为 32.0%，其中，正规渠道负债比例为 12.2%，非正规渠道负债比例为 25.1%，两者均有的比例为 5.3%。房产负债总体比例为 14.4%，其中，正规渠道的房产负债比例是 4.3%，非正规渠道的房产负

债比例是11.8%。

表7-6 农村家庭负债渠道的参与情况 单位:%

| 类别 | 总负债 | 农业负债 | 工商业负债 | 房产负债 | 汽车负债 | 教育负债 | 医疗负债 | 其他负债 |
|---|---|---|---|---|---|---|---|---|
| 总体 | 32.0 | 10.2 | 8.5 | 14.4 | 2.4 | 4.6 | 7.0 | 4.0 |
| 正规渠道参与 | 12.2 | 4.0 | 1.0 | 4.3 | 1.4 | 1.8 | 0.5 | 0.8 |
| 非正规渠道参与 | 25.1 | 7.6 | 7.6 | 11.8 | 1.1 | 3.0 | 6.7 | 3.3 |
| 两者均有 | 5.3 | 1.4 | 0.0 | 1.7 | 0.1 | 0.2 | 0.2 | 0.1 |

### 7.2.2 家庭不同渠道负债额度

(1) 负债渠道与总体负债额度

如表7-7所示，在全国有负债的家庭中，正规渠道负债均值为149 555元，中位数为10 000元；民间负债均值为59 717元，中位数为10 000元。在城镇家庭中，正规渠道负债的均值为217 066元，中位数为57 000元；民间负债的均值为65 748元，中位数为8元。在农村家庭中，正规渠道负债均值为39 052元，中位数为0元；民间负债的均值为49 845元，中位数为20 000元。可以看出，无论是正规渠道负债还是民间负债，城镇家庭的负债规模均大于农村家庭；城镇有债家庭正规渠道负债的额度大于民间负债的额度，而农村有债家庭的民间负债额度大于正规渠道负债的额度。

表7-7 家庭负债渠道与总负债额度 单位：元

| 区域 | 均值 | | | 中位数 | | |
|---|---|---|---|---|---|---|
| | 总负债 | 正规渠道负债 | 民间负债 | 总负债 | 正规渠道负债 | 民间负债 |
| 全国 | 208 078 | 149 555 | 59 717 | 70 000 | 10 000 | 10 000 |
| 城镇 | 281 235 | 217 066 | 65 748 | 118 600 | 57 000 | 8 |
| 农村 | 88 336 | 39 052 | 49 845 | 35 000 | 0 | 20 000 |

注：仅针对有负债的家庭，即总负债额度大于0。

(2) 负债渠道与农业负债额度

如表7-8所示，全国有农业负债的家庭，总负债额度均值为44 979元，正规渠道负债额度均值为76 912元，民间负债均值为43 022元。城镇中有农业负债家庭总负债均值为93 232元，其中正规渠道负债均值为160 959元，民间负债均值为81 235元；农村中有农业负债家庭总负债均值为37 788元，其中正规渠道负债均值为61 452元，民间负债均值为37 226元。综上所述，城镇有农业负债家庭的总负债额度显著高于农村有农业负债的家庭。无论是城镇还是农村，有农业负债的家庭，正规渠道农业负债均大于民间相应渠道负债。

表 7-8 家庭负债渠道与农业负债额度 单位：元

| 区域 | 均值 | | | 中位数 | | |
|---|---|---|---|---|---|---|
| | 总负债 | 正规渠道负债 | 民间负债 | 总负债 | 正规渠道负债 | 民间负债 |
| 全国 | 44 979 | 76 912 | 43 022 | 10 000 | 40 000 | 13 000 |
| 城镇 | 93 232 | 160 959 | 81 235 | 20 000 | 80 000 | 20 000 |
| 农村 | 37 788 | 61 452 | 37 226 | 9 000 | 40 000 | 12 000 |

（3）负债渠道与工商业负债额度

如表 7-9 所示，全国有工商业负债的家庭，总负债额度均值为 269 934 元，其中正规渠道负债额度均值为 125 752 元，民间负债均值为 43 603 元；城镇中有工商业负债的家庭，总负债均值为 313 871 元，其中正规渠道负债均值为 150 274 元，民间负债均值为 46 713 元；农村中有工商业负债的家庭，总负债均值为 149 516 元，其中正规渠道负债均值为 58 543 元，民间负债均值为 35 077 元。综上所述，城镇有工商业负债家庭的总负债额度显著高于农村有工商业负债的家庭；无论是城镇还是农村，有工商业债务的家庭，其正规渠道负债的额度均远高于民间渠道负债。

表 7-9 家庭负债渠道与工商业负债额度 单位：元

| 区域 | 均值 | | | 中位数 | | |
|---|---|---|---|---|---|---|
| | 总负债 | 正规渠道负债 | 民间负债 | 总负债 | 正规渠道负债 | 民间负债 |
| 全国 | 269 934 | 125 752 | 43 603 | 100 000 | 0 | 0 |
| 城镇 | 313 871 | 150 274 | 46 713 | 50 000 | 0 | 0 |
| 农村 | 149 516 | 58 543 | 35 077 | 80 000 | 0 | 0 |

（4）负债渠道与房产负债额度

如表 7-10 所示，全国有房产负债的家庭，总房产负债额度均值为 278 655 元，其中正规渠道负债额度均值为 233 604 元，民间负债均值为 46 182 元；城镇中有房产负债的家庭，总负债均值为 346 799 元，其中正规渠道负债均值为 301 374 元，民间负债均值为 46 710 元；农村中有房产负债的家庭，总负债均值为 101 756 元，其中正规渠道负债均值为 57 674 元，民间负债均值为 44 813 元。综上所述，城镇有房产负债家庭的房产总负债额度显著高于农村有房产负债的家庭；无论是城镇还是农村，有房产债务家庭的正规渠道负债额度远高于民间负债。

表 7-10　家庭负债渠道与房产负债额度　　单位：元

| 区域 | 均值 | | | 中位数 | | |
|---|---|---|---|---|---|---|
| | 总负债 | 正规渠道负债 | 民间负债 | 总负债 | 正规渠道负债 | 民间负债 |
| 全国 | 278 655 | 233 604 | 46 182 | 140 000 | 100 000 | 1 |
| 城镇 | 346 799 | 301 374 | 46 710 | 200 000 | 160 134 | 0 |
| 农村 | 101 756 | 57 674 | 44 813 | 50 000 | 0 | 25 800 |

（5）负债渠道与汽车负债额度

如表 7-11 所示，全国有汽车负债的家庭，汽车总负债额度均值为 46 407 元，其中正规渠道负债额度均值为 33 306 元，民间负债均值为 11 924 元；城镇中有汽车负债家庭的总负债均值为 53 765 元，其中正规渠道负债均值为 41 023 元，民间负债均值为 11 089 元；农村中有汽车负债家庭的总负债均值为 30 032 元，其中正规渠道负债均值为 16 130 元，民间负债均值为 13 782 元。综上所述，城镇有汽车负债家庭的总负债额度显著高于农村有汽车负债的家庭，而且城镇有汽车债务家庭的正规渠道负债额度远高于民间负债。

表 7-11　家庭负债渠道与汽车负债额度　　单位：元

| 区域 | 均值 | | |
|---|---|---|---|
| | 总负债 | 正规渠道负债 | 民间负债 |
| 全国 | 46 407 | 33 306 | 11 924 |
| 城镇 | 53 765 | 41 023 | 11 089 |
| 农村 | 30 032 | 16 130 | 13 782 |

（6）负债渠道与教育负债额度

如表 7-12 所示，全国有教育负债的家庭，教育总负债额度均值为 22 684 元，其中正规教育负债额度均值为 7 934 元，民间教育负债均值为 14 750 元；总教育负债额度中位数为 16 000 元，其中正规渠道负债额度中位数为 0 元，民间负债中位数为 5 000 元。城镇中有教育负债家庭总负债均值为 26 532 元，其中正规渠道负债均值为 7 404 元，民间负债均值为 19 127 元；农村中有教育负债家庭的总负债均值为 19 327 元，其中正规渠道负债均值为 8 396 元，民间负债均值为 10 931 元。综上所述，城镇有教育负债家庭的总负债额度显著高于农村有教育负债的家庭；无论是城镇还是农村，有教育债务的家庭，其民间负债的额度均高于正规渠道负债。

表 7-12　家庭负债渠道与教育负债额度　　单位：元

| 区域 | 均值 | | | 中位数 | | |
|---|---|---|---|---|---|---|
| | 总负债 | 正规渠道负债 | 民间负债 | 总负债 | 正规渠道负债 | 民间负债 |
| 全国 | 22 684 | 7 934 | 14 750 | 16 000 | 0 | 5 000 |
| 城镇 | 26 532 | 7 404 | 19 127 | 20 000 | 0 | 10 000 |
| 农村 | 19 327 | 8 396 | 10 931 | 14 250 | 0 | 4 000 |

（7）医疗负债额度

如表 7-13 所示，全国有医疗负债的家庭，医疗总负债额度均值为 38 595 元，中位数是 20 000 元；其中城镇中有医疗负债家庭的总负债均值为 49 350 元，中位数是 30 000 元；农村中有医疗负债家庭的总负债均值为 30 997 元，中位数是 15 000 元。综上所述，城镇中有医疗负债家庭的总负债额度显著高于农村有医疗负债的家庭。

表 7-13　医疗负债额度　　单位：元

| 区域 | 均值 | 中位数 |
|---|---|---|
| 全国 | 38 595 | 20 000 |
| 城镇 | 49 350 | 30 000 |
| 农村 | 30 997 | 15 000 |

## 7.3　家庭信贷可得性

为了测度家庭的信贷可得性，我们计算了有信贷需求的家庭面临信贷约束的比例，该比例越大说明家庭面临的信贷约束越严重。信贷约束的比例=正规（非正规信贷）未得到满足的家庭数/有正规（非正规）信贷需求的家庭数。未得到满足的家庭是指有借贷需求但未获得借贷资金或者所获得借贷资金未能完全满足家庭的资金需求。

### 7.3.1　家庭总体信贷可得性

如表 7-14 所示，全国范围内有正规信贷需求的家庭总体比例为 22.9%，正规信贷的获得比例为 17.5%；有非正规信贷需求的家庭比例为 24.8%，非正规信贷的获得比例为 17.8%。其中，城镇家庭的正规信贷需求比例（25.0%）和获得比例（20.5%）均远高于农村家庭的正规信贷需求比例（19.1%）和获得比例（12.2%），而农村家庭的非正规信贷需求比例（33.0%）和获得比例（25.1%）均远高于城镇家庭的非正规信贷需求比例

(20.3%) 和获得比例 (13.8%)。从总体来看，农村家庭的正规信贷约束 (36.3%) 远高于城镇家庭的正规信贷约束 (17.9%)，而城镇家庭的非正规信贷约束 (31.8%) 又高于农村家庭的非正规信贷约束 (24.0%)，说明农村家庭的正规信贷受限，而城镇家庭相反。

**表 7-14　家庭总体信贷可得性**　　单位:%

| 区域 | 正规信贷获得比例 | 正规信贷需求比例 | 非正规信贷获得比例 | 非正规信贷需求比例 | 正规信贷约束 | 非正规信贷约束 |
|---|---|---|---|---|---|---|
| 全国 | 17.5 | 22.9 | 17.8 | 24.8 | 23.4 | 28.1 |
| 城镇 | 20.5 | 25.0 | 13.8 | 20.3 | 17.9 | 31.8 |
| 农村 | 12.2 | 19.1 | 25.1 | 33.0 | 36.3 | 24.0 |

### 7.3.2　家庭农业信贷可得性

如表 7-15 所示，全国范围内有农业生产经营的家庭的正规农业信贷需求家庭的总体比例为 9.0%，正规农业信贷的获得比例为 4.9%；有非正规农业信贷需求家庭的比例为 16.1%，非正规农业信贷的获得比例为 9.2%。其中，农村家庭的正规农业信贷需求比例 (9.5%) 和获得比例 (5.3%) 均高于城镇家庭的正规农业信贷需求比例 (7.0%) 和获得比例 (3.7%)。农村家庭的非正规农业信贷的需求比例 (17.4%) 和获得比例 (10.0%)，也远高于农村家庭的正规农业信贷需求比例和获得比例。农村家庭的农业正规信贷约束 (44.5%) 低于城镇家庭的农业正规信贷约束 (47.4%)，而农村家庭的农业非正规信贷约束 (42.6%) 也低于城镇家庭的农业非正规信贷约束 (45.6%)。

**表 7-15　农业生产经营家庭农业信贷可得性**　　单位:%

| 区域 | 正规信贷获得比例 | 正规信贷需求比例 | 非正规信贷获得比例 | 非正规信贷需求比例 | 正规信贷约束 | 非正规信贷约束 |
|---|---|---|---|---|---|---|
| 全国 | 4.9 | 9.0 | 9.2 | 16.1 | 45.0 | 43.0 |
| 城镇 | 3.7 | 7.0 | 5.9 | 10.8 | 47.4 | 45.6 |
| 农村 | 5.3 | 9.5 | 10.0 | 17.4 | 44.5 | 42.6 |

### 7.3.3　家庭工商业信贷可得性

如表 7-16 所示，全国范围内有工商业经营家庭的工商业正规信贷需求家庭的总体比例为 18.2%，工商业正规信贷获得比例为 10.5%；有工商业非正规信贷需求家庭的比例为 9.5%，工商业非正规信贷的获得比例为 1.2%。其中，城镇家庭的工商业正规信贷需求比例 (18.2%) 和获得比例 (10.4%) 与农村家庭的工商业正规信贷需求比例 (18.2%) 和获得比例（10.9%）差不多，而农村家庭的工商业非正规信贷需求比例（11.9%）和获得比例（3.4%）均低于农村家庭的工商业正规信贷需求比例和获得比例。农村家庭的工商业正规信贷约束（40.1%）低于城镇家庭的工商业正规信贷约束（43.0%），而且农村家庭的工商业非正规信贷约束（71.3%）也低于城镇家庭的工商业非正规信贷约束（93.6%）。

**表 7-16　工商业经营家庭工商业信贷可得性**　　单位：%

| 区域 | 正规信贷获得比例 | 正规信贷需求比例 | 非正规信贷获得比例 | 非正规信贷需求比例 | 正规信贷约束 | 非正规信贷约束 |
|---|---|---|---|---|---|---|
| 全国 | 10.5 | 18.2 | 1.2 | 9.5 | 42.3 | 87.0 |
| 城镇 | 10.4 | 18.2 | 0.6 | 8.8 | 43.0 | 93.6 |
| 农村 | 10.9 | 18.2 | 3.4 | 11.9 | 40.1 | 71.3 |

### 7.3.4　家庭房产信贷可得性

如表 7-17 所示，全国范围内有正规房产信贷需求家庭的总体比例为 15.1%，正规房产信贷的获得比例为 11.8%；有非正规房产信贷需求家庭的比例为 11.8%，非正规房产信贷的获得比例为 9.4%。其中，城镇家庭的正规房产信贷需求比例（19.0%）和获得比例（15.9%）均远高于农村家庭的正规房产信贷需求比例（7.8%）和获得比例（4.3%），而农村家庭的非正规房产信贷需求比例（14.5%）和获得比例（11.8%）均高于城镇家庭的非正规房产信贷需求比例（10.4%）和获得比例（8.0%）。农村家庭的房产正规信贷约束（44.9%）也要高于城镇家庭的房产正规信贷约束（16.7%），而城镇家庭的房产非正规信贷约束（22.6%）要高于农村家庭的房产非正规信贷约束（18.4%）。

**表 7-17　家庭房产信贷可得性**　　单位：%

| 区域 | 正规信贷获得比例 | 正规信贷需求比例 | 非正规信贷获得比例 | 非正规信贷需求比例 | 正规信贷约束 | 非正规信贷约束 |
|---|---|---|---|---|---|---|
| 全国 | 11.8 | 15.1 | 9.4 | 11.8 | 21.9 | 20.8 |
| 城镇 | 15.9 | 19.0 | 8.0 | 10.4 | 16.7 | 22.6 |
| 农村 | 4.3 | 7.8 | 11.8 | 14.5 | 44.9 | 18.4 |

## 7.4　家庭债务风险

为了理解我国高负债与可支配收入比之谜，本部分将总负债与可支配收入比率又分解为家庭财务杠杆和总资产更新速率两部分，如公式 7.1 所示。其中财务杠杆反映了家庭利用负债累积资产的能力，也反映了家庭的实际负债水平。该比率越高，则家庭负债的总体水平越高。总资产更新速率，则反映了家庭现在的实际可支配收入重置家庭资产的速度。该比率值越小，家庭的实际收入更新家庭资产的速度越快。但是，值得注意的是，总资产更新速率与家庭生命周期相关，如新建家庭，有可能总资产并不高，但家庭可支配收入较高，则依然可得到较高的家庭资产更新速度。

$$\frac{\text{总负债}}{\text{可支配收入}} = \frac{\text{总负债}}{\text{总资产}} \times \frac{\text{总资产}}{\text{可支配收入}} = \text{财务杠杆} \times \text{总资产更新速率} \quad (7.1)$$

如表 7-18 所示，我国较高的总负债与可支配收入比，主要源于我国较慢的总资产更新速率。从我国家庭平均总资产更新速率来看，我国该比率为 12.17，表明我国家庭现有可支配收入更新重置家庭资产平均需要约 12.17 年时间。从我国家庭财务杠杆来讲，2019 年我国家庭平均财务杠杆率为 6.5%，说明我国家庭的实际负债水平并不高。因此，通过将总负债分解为总负债与可支配收入比，我们得知影响我国家庭偿债风险的因素并非我国家庭偿债水平，而是我国家庭的平均总资产更新速率。具体来讲，我国家庭的高偿债风险主要是我国家庭相对较低的收入水平所致。

**表 7-18　家庭债务指标与偿债风险分解**

| 区域 | 总资产/可支配收入 | 总负债/可支配收入/% | 总负债/总资产/% |
|---|---|---|---|
| 全国 | 12.2 | 78.8 | 6.5 |
| 城镇 | 12.8 | 80.4 | 6.3 |
| 农村 | 9.1 | 71.0 | 7.8 |
| 东部 | 13.4 | 74.0 | 5.5 |
| 中部 | 9.9 | 80.5 | 8.1 |
| 西部 | 11.1 | 90.4 | 8.1 |

我国城镇和农村以及东、中、西部地区之间的偿债风险也存在一定的差距。其中，城镇家庭的总资产更新速率为 12.8 年，而农村家庭更新重置家庭资产平均需要 9.1 年。地区之间，东部家庭的总资产更新速率最慢，为 13.4 年；中部地区家庭和西部地区家庭的总资产更新速率分别为 9.9 年和 11.1 年。城镇家庭的财务杠杆率为 6.3%，而农村家庭的财务杠杆率为 7.8%。地区之间，东部家庭的财务杠杆率最低，为 5.5%；西部地区和中部地区家庭财务杠杆率均为 8.1。

### 专题 7-1 中国家庭债务风险有多大

我们通常采用债务收入比（年负债/年税后收入）来衡量家庭债务风险。当前中国家庭债务收入比增长迅速，有研究认为中国家庭债务水平（债务与可支配收入比）已经逼近家庭能承受的极限，更有研究推测中国家庭债务与可支配收入比已经超过美国，中国家庭的债务风险引起了社会各界的广泛关注。本专题旨在探讨中国家庭的债务风险问题，主要从家庭的债务风险衡量、总体债务风险、结构性风险、群体风险四个方面进行探讨。

（1）债务风险衡量

关于家庭债务风险，一个重要的问题就是家庭债务风险的测度，若统计口径不一，可能会导致对家庭债务风险的误判。如表 7-19 所示，我们通过使用国家统计局住户调查可支配收入总额来测算中国家庭的债务收入比，分别得出 101.3%（2016 年）和 112.2%（2017 年）的结果，与已有研究报告结果非常接近①，可以推断出上述结论是根据住户调查可支配收入测算而得。

**表 7-19 基于住户调查可支配收入计算的家庭债务收入比**

| 年份 | 可支配总收入/万亿元 | 住户贷款/万亿元 | 债务收入比/% |
|---|---|---|---|
| 2013 | 24.9 | 19.9 | 79.7 |
| 2014 | 27.6 | 23.2 | 83.9 |
| 2015 | 30.2 | 27 | 89.5 |
| 2016 | 32.9 | 33.4 | 101.3 |
| 2017 | 36.1 | 40.5 | 112.2 |
| 2018 | 39.4 | 47.9 | 121.6 |

数据来源：人均可支配收入和人口数据来源于国家统计局公告；住户贷款总额来源于中国人民银行各年度《金融机构本外币信贷收支表》。

衡量家庭债务风险的另一口径是基于国民经济核算体系（System of National Accounts）中资金流量表的居民可支配收入来计算。如表 7-20 所示，2016 年和 2017 年中国家庭债务收入比分别为 73.1%和 82.2%。

① 田国强等计算，截至 2017 年底，中国的家庭债务与可支配收入比为 107.2%。

表 7-20 基于资金流量表可支配收入计算的家庭债务收入比

| 年份 | 可支配总收入/万亿元 | 住户贷款/万亿元 | 债务收入比/% |
|---|---|---|---|
| 2013 | 35.7 | 19.9 | 55.6 |
| 2014 | 39.1 | 23.2 | 59.2 |
| 2015 | 42.3 | 27 | 64.0 |
| 2016 | 45.6 | 33.4 | 73.1 |
| 2017 * | 49.3 | 40.5 | 82.2 |
| 2018 * | 53.7 | 47.9 | 90.2 |

数据来源：资金流量表可支配总收入来源于国家统计局公告；住户贷款总额来源于中国人民银行各年度《金融机构本外币信贷收支表》；2017 年和 2018 年数据按照 8%增长率推算。

我们认为，两种口径下的测算数据存在较大差距的原因，除了统计口径的不同（如住户调查可支配收入包含自有住房虚拟租金，但资金流量表不包含此项），还因为两种口径下所采用的记录原则和数据资料来源不同，如住户调查可支配收入采用收付实现原则，而资金流量表采用权责发生制原则，住户调查可支配收入是根据受调查户的收支资料计算而来的，获取的数据存在代表性和准确性不足的问题。

（2）家庭总体债务风险

和世界其他国家[①]相比，中国的家庭债务风险尚在可控水平内，但增长迅速。从绝对值来看，中国家庭债务收入比低于美国、加拿大、法国和德国，也低于日本和韩国，与智利、巴西接近。然而从增长速度来看，中国家庭债务收入比的增长速度已经远高于这些国家。2013 年，中国家庭债务收入比仅为 55.6%，2015 年上涨到 64.0%，增长率为 15.1%。与同期相比，智利增长率为 8%，韩国增长率为 5.5%，法国、日本和加拿大上升幅度不超过 5%，美国、德国、巴西甚至略有下降。到 2017 年，中国家庭债务收入比比 2016 年增长 12.4%。与同期相比，韩国增长率为 3.0%，智利增长率为 5.1%，日本、法国增幅均不超过 2%，德国无增长，美国、加拿大略微下降，中国增长率依然高于这些国家。

此外，家庭债务占 GDP 的比重也是衡量家庭债务风险的重要指标之一。如图 7-4 所示，中国 2016 年家庭债务占 GDP 的比重为 44.2%。从全球范围来看，处于发展中国家前 10%水平，但仍低于发达国家中位数水平。以美国以及与中国人均 GDP 相当的 5 个国家作为参照对象进行比较，结果发现，总体上中国债务占 GDP 的比重低于美国和泰国。2006 年，中国家庭债务占 GDP 的比重略低于秘鲁、巴西、印度尼西亚、墨西哥等国家，随后中国家庭债务占 GDP 的比重迅速上涨，但从债务绝对水平以及与其他国家的比较来看，目前中国家庭债务风险总体可控。

① 考虑数据可得性，我们仅以美国、加拿大、法国、德国、日本、韩国、智利、巴西等国家作为参照对象。

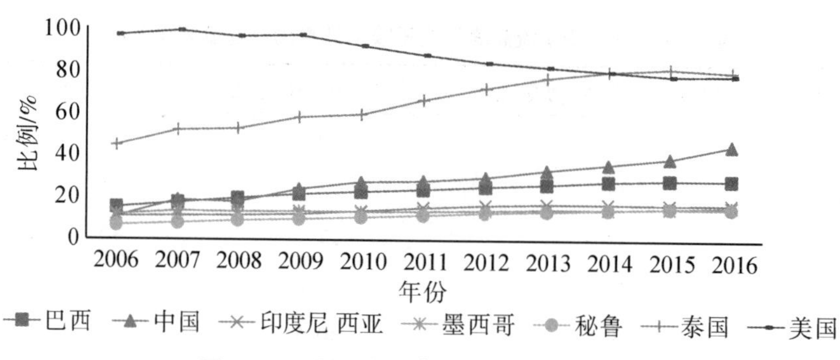


图 7-4 不同国家家庭债务占 GDP 的比重

数据来源：IMF 官网. https://www.imf.org/external/datamapper/HH_LS@GDD/USA/CHN/MEX/BRA/THA/IDN/PER/BGR.

（3）家庭债务结构风险

为进一步了解中国家庭债务风险情况，我们从宏观和微观两个层面分析中国家庭债务面临的结构性风险。

从宏观层面来看，如表 7-21 所示，2013—2018 年家庭消费贷款增长了 27.36 万亿元，其中个人住房贷款余额增长 16.8 万亿元，住房贷款占总消费贷款的 61.4%，年均增速为 23.4%。可见，个人住房贷款余额增长迅速，需警惕住房贷款过度增长带来的结构性风险。

表 7-21 2013—2019 年家庭消费贷款增长来源

| 贷款项目 | 2019 年 8 月底存量/万亿元 | 2013—2019 年增量/万亿元 | 年均增速/% | 占比/% |
| --- | --- | --- | --- | --- |
| 家庭消费贷款 | 41.79 | 28.82 | 21.5 | 100 |
| 家庭中长期消费贷款 | 32.44 | 22.12 | 21 | 76.8 |
| 其中：个人住房贷款余额 * | 25.8 | 16.8 | 23.4 | 61.4 |
| 家庭短期消费贷款 | 9.35 | 6.70 | 23.3 | 23.2 |

数据来源：中国人民银行官网。其中个人住房贷款余额计算的是 2018 年底的存量数据、2013—2018 年的增长及对应增量的占比。2013—2018 年家庭消费贷款增量为 27.36 万亿元，因此 16.8/27.36=61.4%。

从微观层面来看，根据中国家庭金融调查（CHFS）数据，个人住房贷款余额增长主要来源于城镇地区多套房，且分布在多套房上的住房贷款有逐年递增的趋势。仅 2017—2018 年，家庭多套房上的住房贷款占比从 62.9%上升至 65.9%，超过了首套房上的住房贷款。

基于以上分析，我们认为，出台抑制过度炒房等投机行为的相关政策，加强对房地产市场信贷资金的调控，对于控制家庭债务结构性风险具有重要意义，对于维护我国金融安全也至关重要。

（4）家庭债务群体风险

中国家庭债务风险的结构性问题还表现在不同群体间债务风险的差异上。如表7-22所示，将中国家庭按照收入水平从小到大排序，0~20%收入最低家庭的总债务收入比高达1 140.5%，是81%~100%收入最高家庭总债务收入比的近9倍，且其正规债务收入比和民间债务收入比均超过其他收入家庭。这说明低收入群体的债务风险不可忽视，需警惕低收入家庭引起的群体债务风险。

**表7-22 不同收入组负债家庭的债务收入比**

单位：%

| 家庭收入分组 | 正规债务收入比 | 民间债务收入比 | 总债务收入比 |
|---|---|---|---|
| 0~20%低收入家庭 | 291.0 | 849.6 | 1 140.5 |
| 21%~40%收入较低家庭 | 128.0 | 151.0 | 279.0 |
| 41%~60%收入中等家庭 | 100.5 | 79.8 | 180.3 |
| 61%~80%收入较高家庭 | 94.5 | 48.6 | 143.1 |
| 81%~100%高收入家庭 | 95.6 | 33.9 | 129.5 |

数据来源：CHFS 2019年调查数据。

通过上述分析可以发现，不同统计口径核算出的居民可支配收入差距较大，进而可能导致误判家庭债务风险。采用相同口径计算我国家庭债务收入比后可以发现，我国家庭债务风险总体可控，但低收入群体的债务风险不可忽视。

# 8 家庭收入与支出

## 8.1 家庭收入

### 8.1.1 家庭收入概况

(1) 总收入

2019 年家庭总收入包括工资性收入、农业收入、工商业收入、财产性收入和转移性收入。如图 8-1 所示，我国家庭户均总收入为 100 657 元，中位数为 56 600 元。分城乡来看，城镇家庭户均总收入为 129 225 元，中位数为 74 009 元；农村家庭户均总收入为 48 721 元，中位数为 28 704 元，两者均不及城镇家庭的一半，这说明我国城乡家庭收入差距显著。

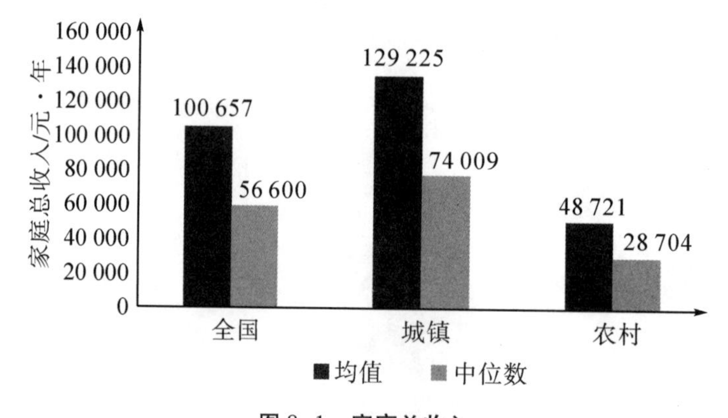


图 8-1 家庭总收入

分地区来看，如图 8-2 所示，我国东、中、西部地区家庭户均年总收入分别为 130 912 元、71 573 元、84 401 元，中位数分别为 68 009 元、49 789 元、48 745 元，可见我国家庭户均收入从东到西呈“U”形分布的特点。另外，从均值和中位数差异可以看出，东部、西部地区收入的均值与中位数差异大于中部地区。

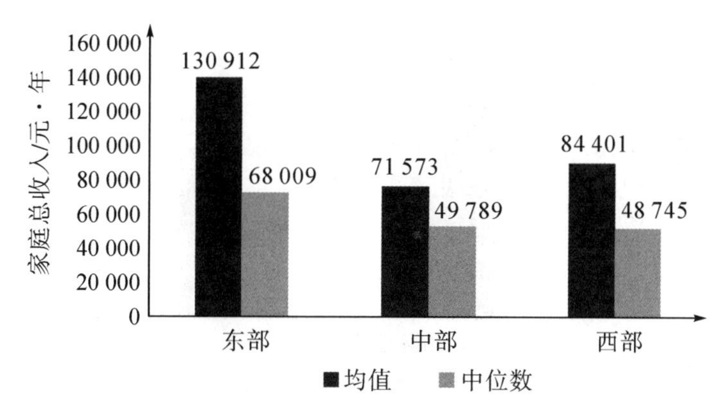


图 8-2　不同地区的家庭总收入

在户主学历方面，如图 8-3 所示，随着户主学历的上升，其家庭总收入逐渐增加。户主没上过学的家庭户均收入最低，为 33 170 元；户主为硕士/博士学历的家庭户均收入最高，为 326 568 元，凸显了较高的教育投资回报率。

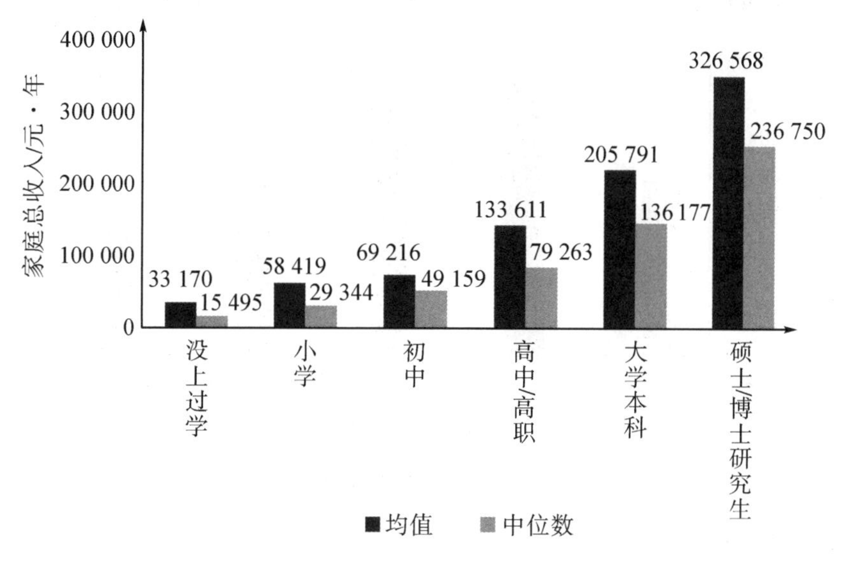


图 8-3　户主学历与家庭总收入

此外，如图 8-4 所示，户主是党员的家庭户均年总收入为 132 053 元，中位数为 84 055 元，户主是非党员的家庭户均收入为 93 221 元，中位数为 50 350 元。户主为党员的家庭收入显著高于户主为非党员的家庭。

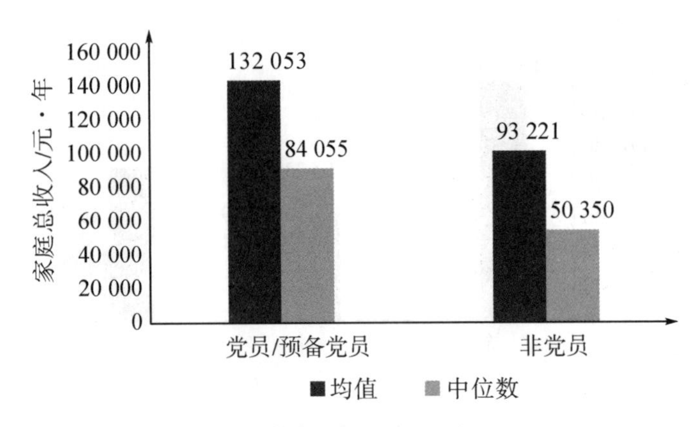


**图 8-4　户主政治身份与家庭总收入**

按户主年龄分，如图 8-5 所示，户主年龄在 26~35 周岁、36~45 周岁的家庭户均收入均值较高，分别为 145 025 元、138 407 元；其次为户主在 46~55 周岁、25 周岁及以下年龄段的家庭，户均收入分别为 98 120 元、95 532 元；户主在 56 周岁及以上的家庭收入均值最低，为 68 829 元，不及户主在 26~35 周岁的家庭收入均值的一半。

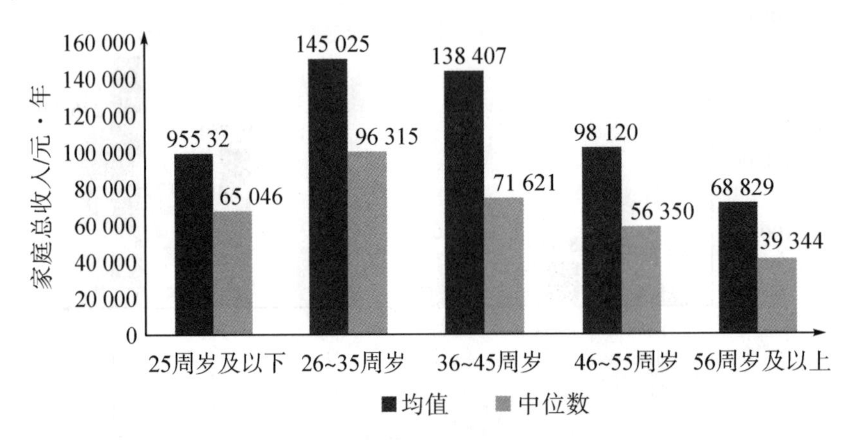


**图 8-5　户主年龄与家庭总收入**

（2）总收入结构

表 8-1 统计了有相关收入的家庭占比。从全国来看，63.5%的家庭有工资性收入，31.4%的家庭有农业收入，11.2%的家庭有工商业收入，69.3%的家庭有财产性收入，72.7%的家庭有转移性收入。城镇家庭中除农业收入外，其他收入比例均高于农村家庭；农村家庭有农业收入的比例较高，为 71.7%。城乡地区有转移性收入的家庭占比相差较小。

按地区分，东部地区家庭有工资性收入、工商业收入和财产性收入的比例较高，分别为 64.7%、11.6%和 72.5%，均高于中、西部地区。中、西部地区家庭有农业收入的比例较高，分别为 36.3%和 37.4%，高于东部地区。西部地区家庭有转移性收入的比例为 74.5%，高于东、中部地区。

**表 8-1 有相关收入的家庭占比**

单位:%

| 收入类别 | 全国 | 城镇 | 农村 | 东部 | 中部 | 西部 |
|---|---|---|---|---|---|---|
| 工资性收入 | 63.5 | 68.0 | 55.7 | 64.7 | 63.3 | 61.5 |
| 农业收入 | 31.4 | 9.0 | 71.7 | 24.5 | 36.3 | 37.4 |
| 工商业收入 | 11.2 | 13.0 | 7.8 | 11.6 | 10.9 | 10.8 |
| 财产性收入 | 69.3 | 75.0 | 59.2 | 72.5 | 65.4 | 68.6 |
| 转移性收入 | 72.7 | 73.0 | 71.7 | 73.1 | 70.8 | 74.5 |

表 8-2 统计了全国家庭总收入的构成情况。家庭总收入包括工资性收入、农业收入、工商业收入、财产性收入和转移性收入。其中，工资性收入的均值为 52 596 元，占家庭总收入的比例最高，为 52.2%；其次为转移性收入，均值为 29 457 元，占家庭总收入的 29.3%；农业收入的均值为 4 183 元，占家庭总收入的 4.1%；工商业收入的均值为 11 940 元，占家庭总收入的 11.9%；财产性收入的均值为 2 482 元，占家庭总收入的比重最低，为 2.5%。由此可见，家庭总收入中贡献最大的是工资性收入，占总收入的比重超过一半，其次是转移性收入和工商业收入。

分城乡来看，家庭户均收入不仅在总量上有别，在结构上也不同。城镇家庭收入占比最高的是工资性收入，为 51.5%，均值为 66 599 元；其次为转移性收入，占比 32.3%，均值为 41 675 元；最后为工商业收入，占比 12.1%，均值为 15 686 元。农村家庭收入占比最高的为工资性收入，为 55.7%，均值为 27 138 元；其次是农业收入，占比 17.1%，均值为 8 315 元；最后是转移性收入，占比 14.9%，均值为 7 244 元。由此可见，增加农村家庭的转移性收入将有效缩小城乡差距。

**表 8-2 家庭总收入结构**

| 收入类别 | 全国 | | 城镇 | | 农村 | |
|---|---|---|---|---|---|---|
| | 均值/元 | 比例/% | 均值/元 | 比例/% | 均值/元 | 比例/% |
| 工资性收入 | 52 596 | 52.2 | 66 599 | 51.5 | 27 138 | 55.7 |
| 农业收入 | 4 183 | 4.1 | 1 909 | 1.5 | 8 315 | 17.1 |
| 工商业收入 | 11 940 | 11.9 | 15 686 | 12.1 | 5 129 | 10.5 |
| 财产性收入 | 2 482 | 2.5 | 3 355 | 2.6 | 894 | 1.8 |
| 转移性收入 | 29 457 | 29.3 | 41 675 | 32.3 | 7 244 | 14.9 |
| 家庭总收入 | 100 657 | 100.0 | 129 225 | 100.0 | 48 721 | 100.0 |

表 8-3 统计了东、中、西部家庭总收入的构成情况。从地区差异来看，东部家庭工资性收入、转移性收入占比较高，分别为 50.7%、32.2%，工商业收入占比 11.4%；中部家庭工资性收入占比最高，为 56.6%，转移性收入占比 23.2%，工商业收入占比 12.2%；西部家庭工资性收入占比 51.8%，转移性收入占比 27.8%，工商业收入占比 12.7%。可见，中部家庭的工资性收入占比最高，西部次之，东部最低；东部家庭的转移性收入占比最高，西部次之，中部最低；工商业收入占比在东、中、西部家庭中差异不大。

**表 8-3　不同地区家庭总收入结构**

| 收入类别 | 东部 | | 中部 | | 西部 | |
|---|---|---|---|---|---|---|
| | 均值/元 | 比例/% | 均值/元 | 比例/% | 均值/元 | 比例/% |
| 工资性收入 | 66 348 | 50.7 | 40 515 | 56.6 | 43 697 | 51.8 |
| 农业收入 | 3 724 | 2.8 | 4 541 | 6.3 | 4 539 | 5.4 |
| 工商业收入 | 14 947 | 11.4 | 8 754 | 12.2 | 10 716 | 12.7 |
| 财产性收入 | 3 736 | 2.9 | 1 181 | 1.7 | 1 934 | 2.3 |
| 转移性收入 | 42 158 | 32.2 | 16 582 | 23.2 | 23 514 | 27.8 |
| 家庭总收入 | 130 912 | 100.0 | 71 573 | 100.0 | 84 401 | 100.0 |

表 8-4、表 8-5 统计了不同收入家庭总收入的构成情况（剔除了任一分项收入为负的样本）。可以看出，低收入家庭的总收入均值为 8 091 元，高收入家庭的总收入均值为 329 425 元，高收入家庭总收入均值约为低收入家庭总收入均值的 40 倍，且高收入家庭各项收入均值均远高于低收入家庭，说明我国家庭收入差距较大。从收入结构来看，在低收入家庭中，占比最高的是转移性收入，为 46.0%；其次是工资性收入，为 29.0%；农业收入的比重比其他收入家庭高，为 21.6%。在高收入家庭中，占比最高的是工资性收入，为 47.4%；其次是转移性收入，为 29.1%；工商业收入的比重比其他组别高，为 16.0%。

**表 8-4　不同收入家庭分项收入金额**　　单位：元

| 收入类别 | 0~20%<br>低收入组 | 21%~40%<br>较低收入组 | 41%~60%<br>中等收入组 | 61%~80%<br>较高收入组 | 81%~100%<br>高收入组 |
|---|---|---|---|---|---|
| 工资性收入 | 2 348 | 15 900 | 33 588 | 61 419 | 156 123 |
| 农业收入 | 1 744 | 3 273 | 3 417 | 3 713 | 12 016 |
| 工商业收入 | 154 | 1 544 | 3 542 | 7 436 | 52 735 |
| 财产性收入 | 123 | 342 | 885 | 2 137 | 12 755 |
| 转移性收入 | 3 721 | 10 304 | 17 759 | 23 583 | 95 796 |
| 家庭总收入 | 8 091 | 31 362 | 59 191 | 98 288 | 329 425 |

表 8-5　不同收入家庭分项收入占比　　单位:%

| 收入类别 | 0%~20%<br>低收入组 | 21%~40%<br>较低收入组 | 41%~60%<br>中等收入组 | 61%~80%<br>较高收入组 | 81%~100%<br>高收入组 |
|---|---|---|---|---|---|
| 工资性收入 | 29.0 | 50.7 | 56.7 | 62.4 | 47.4 |
| 农业收入 | 21.6 | 10.4 | 5.8 | 3.8 | 3.6 |
| 工商业收入 | 1.9 | 4.9 | 6.0 | 7.6 | 16.0 |
| 财产性收入 | 1.5 | 1.1 | 1.5 | 2.2 | 3.9 |
| 转移性收入 | 46.0 | 32.9 | 30.0 | 24.0 | 29.1 |
| 家庭总收入 | 100.0 | 100.0 | 100.0 | 100.0 | 100.0 |

### 8.1.2　工资性收入

家庭工资性收入包括因受雇获得的税后工资薪金、劳务报酬、税后奖金和税后补贴。本节数据及图表仅描述有工资性收入的家庭。

(1) 工资性收入分布情况

如图 8-6 所示，我国家庭户均工资性收入为 82 853 元，中位数为 57 400 元。分城乡来看，城镇家庭户均工资性收入为 98 319 元，中位数为 68 670 元；农村家庭户均工资性收入为 48 686 元，中位数为 36 100 元。可以看出，城镇家庭户均工资性收入高于农村家庭，并且城镇家庭之间工资性收入差距也较大。

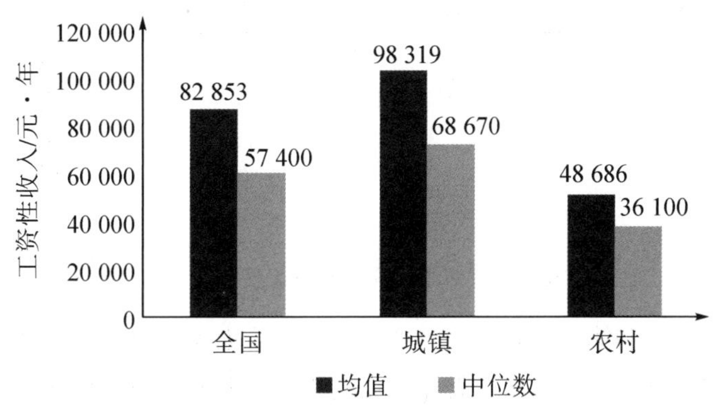


图 8-6　家庭工资性收入

分地区来看，东部地区户均工资性收入均值最高，西部次之，中部最低。如图 8-7 所示，我国东、中、西部地区家庭户均工资性收入分别为 102 480 元、64 049 元和 71 062 元，中位数分别为 67 800 元、50 000 元、50 100 元。

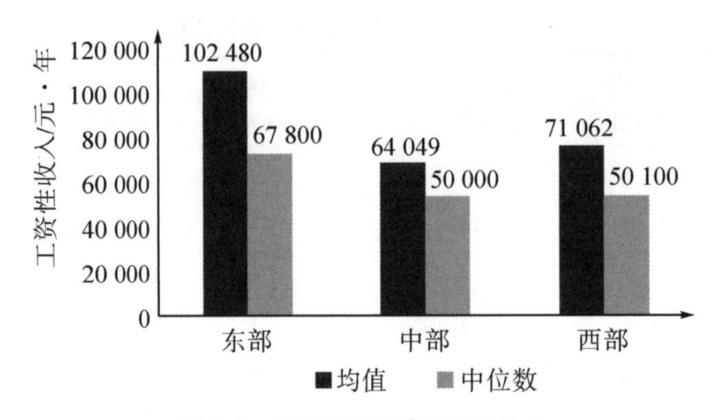


**图 8-7　不同地区家庭工资性收入**

从户主学历差异来看，如图 8-8 所示，随着户主学历的上升，其户均工资性收入逐渐增加，户主为硕士/博士研究生学历的家庭达到最大值 270 734 元，远高于户主未上过学的家庭（42 398 元）和户主为小学学历的家庭（47 292 元）。

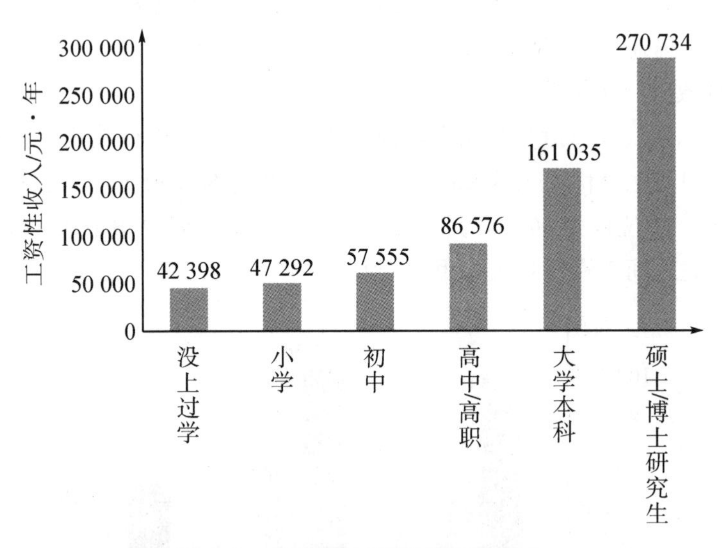


**图 8-8　户主学历与家庭工资性收入**

对比分析第一职业和第二职业工资性收入的情况，如表 8-6 所示。从全国来看，第一职业工资均值为 79 104 元/年，在工资性总收入中的贡献率为 95. 5%；第二职业工资均值为 3 749 元/年，在工资性总收入中的贡献率为 4. 5%。从城乡差异来看，农村家庭第二职业工资均值为 5 188 元/年，在工资性总收入中的贡献率为 10. 7%，均高于城镇家庭。

表 8-6 第一、第二职业的工资贡献率

| 收入类别 | 全国 | | 城镇 | | 农村 | |
|---|---|---|---|---|---|---|
| | 均值/元 | 比例/% | 均值/元 | 比例/% | 均值/元 | 比例/% |
| 第一职业工作收入 | 79 104 | 95.5 | 95 221 | 96.8 | 43 498 | 89.3 |
| 第二职业工作收入 | 3 749 | 4.5 | 3 098 | 3.2 | 5 188 | 10.7 |
| 工资性总收入 | 82 853 | 100.0 | 98 319 | 100.0 | 48 686 | 100.0 |

（2）工资性收入结构

表 8-7 统计了全国家庭工资性收入的构成情况。工资性收入（主要工作）包括税后工资、税后奖金和税后补贴，均值分别为 63 231 元、11 364 元和 4 508 元，在工资性收入中的占比分别为 79.9%、14.4%和 5.7%。

从城乡来看，城镇家庭平均税后工资、税后奖金及税后补贴分别为 74 959 元、15 007 元和 5 255 元，均高于农村家庭的 37 324 元、3 317 元和 2 857 元。从构成来看，城镇家庭税后奖金在工资性收入中的比重约为农村家庭的 2 倍，明显高于农村家庭，税后工资和税后补贴占比则低于农村家庭。

表 8-7 家庭工资性收入结构

| 收入构成 | 全国 | | 城镇 | | 农村 | |
|---|---|---|---|---|---|---|
| | 均值/元 | 比例/% | 均值/元 | 比例/% | 均值/元 | 比例/% |
| 税后工资 | 63 231 | 79.9 | 74 959 | 78.7 | 37 324 | 85.8 |
| 税后奖金 | 11 364 | 14.4 | 15 007 | 15.8 | 3 317 | 7.6 |
| 税后补贴 | 4 508 | 5.7 | 5 255 | 5.5 | 2 857 | 6.6 |
| 工资性总收入（主要工作） | 79 104 | 100.0 | 95 221 | 100.0 | 43 498 | 100.0 |

表 8-8 列出了东、中、西部家庭工资性收入的构成情况。按地区分，东部家庭平均税后工资、税后奖金和税后补贴分别为 77 513 元、15 167 元和 5 408 元，均高于中、西部家庭。从工资构成来看，中部家庭税后工资在工资性收入中占比 82.4%，高于东、西部家庭；东、西部家庭税后奖金在工资性收入中的占比分别为 15.5%、41.3%，高于中部地区家庭。东、中、西部家庭税后补贴在工资性收入中的占比差异较小。

表 8-8　不同地区家庭工资性收入结构

| 收入构成 | 东部 | | 中部 | | 西部 | |
|---|---|---|---|---|---|---|
| | 均值/元 | 比例/% | 均值/元 | 比例/% | 均值/元 | 比例/% |
| 税后工资 | 77 513 | 79.0 | 49 956 | 82.4 | 54 096 | 79.5 |
| 税后奖金 | 15 167 | 15.5 | 7 229 | 11.9 | 9 751 | 14.3 |
| 税后补贴 | 5 408 | 5.5 | 3 456 | 5.7 | 4 226 | 6.2 |
| 工资性总收入（主要工作） | 98 088 | 100.0 | 60 641 | 100.0 | 68 072 | 100.0 |

表 8-9 统计了工资性收入（主要工作）中有税后奖金和税后补贴的家庭占比。从全国来看，有税后奖金的家庭占比 44.9%，有税后补贴的家庭占比 62.2%。在城乡差异上，城镇家庭有税后奖金和税后补贴的比例均高于农村家庭，尤其是税后奖金比例。从地区差异来看，东部地区家庭获得税后奖金和税后补贴的比例均最高。

表 8-9　工资性收入中有奖金和补贴的家庭占比　　单位:%

| 类别 | 全国 | 城镇 | 农村 | 东部 | 中部 | 西部 |
|---|---|---|---|---|---|---|
| 税后奖金 | 44.9 | 50.5 | 30.5 | 47.6 | 40.2 | 45.9 |
| 税后补贴 | 62.2 | 64.6 | 55.9 | 64.6 | 59.3 | 61.4 |

从户主学历来看，如图 8-9 所示，随着户主学历的上升，有奖金和补贴的家庭比例逐渐增加。在户主为硕士/博士研究生学历的家庭中，有奖金收入和补贴的家庭比例最高，分别为 82.8%和 84.1%。

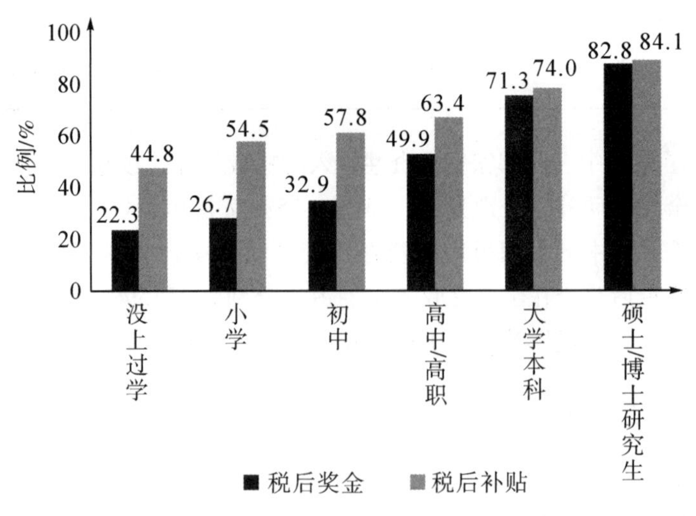


图 8-9　户主学历与有奖金和补贴收入的家庭占比

### 8.1.3 农业收入

家庭农业收入指家庭从事农业生产经营所获得的净收入，即农业毛收入减去农业生产经营成本不包括固定资产折旧，再加上从事农业生产经营获得的实物补贴和货币补贴。农业生产经营成本包括家庭因从事农业生产经营而产生的雇佣成本及其他成本。本节数据及图表仅描述从事农业生产经营的家庭。

表 8-10 统计了农业生产经营收入的情况。全国家庭农业生产经营毛收入均值为 22 453 元，农业生产经营成本均值为 7 756 元，净收入为 15 657 元，成本率为 34.5%。

分地区来看，农业收入在地区之间有明显差异。东部家庭的农业生产经营毛收入均值为 26 521 元，生产成本率为 34.4%；而中部和西部家庭的农业生产经营毛收入均值分别为 21 165 元和 19 290 元，生产成本率分别为 37.5%和 30.6%。由此可见，东部地区的农业净收入最高，中部地区的生产成本最高，西部地区的农业生产经营成本和净收入最低。

**表 8-10　农业生产经营收入情况**

| 类别 | 全国 | 东部 | 中部 | 西部 |
|---|---|---|---|---|
| 毛收入/元 | 22 453 | 26 521 | 21 165 | 19 290 |
| 生产成本/元 | 7 756 | 9 128 | 7 935 | 5 901 |
| 补贴/元 | 715 | 566 | 997 | 527 |
| 净收入/元 | 15 657 | 18 302 | 14 415 | 14 120 |
| 成本率/% | 34.5 | 34.4 | 37.5 | 30.6 |

注：净收入=毛收入-生产经营成本+农业生产经营补贴；成本率=生产经营成本/毛收入。

### 8.1.4 工商业收入

工商业收入是指家庭从事工商业生产经营项目所获得的净收入，工商业经营项目包括个体户和自主创业。本节数据及图表仅描述从事工商业生产经营的家庭。

如图 8-10 所示，全国工商业收入均值为 114 432 元/年，其中城镇家庭工商业收入均值为 129 433 元/年，农村家庭工商业收入均值为 68 959 元/年，城镇家庭工商业收入均值明显高于农村家庭。

图 8-11 统计了东、中、西部地区工商业收入情况。东部地区家庭工商业收入均值最高，为 136 715 元/年；西部家庭次之，为 105 893 元/年；中部家庭最低，为 88 346 元/年。

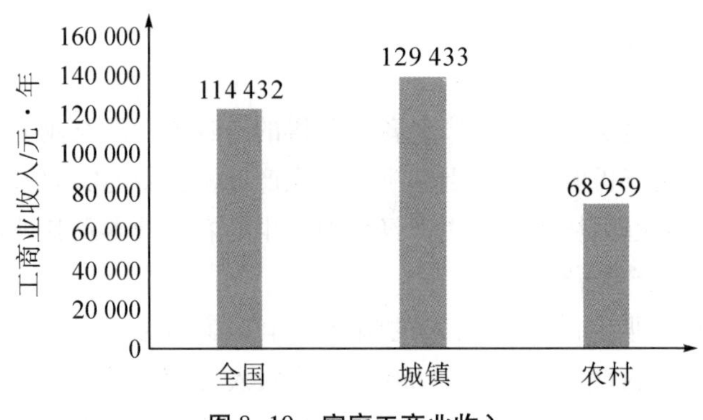


图 8-10　**家庭工商业收入**

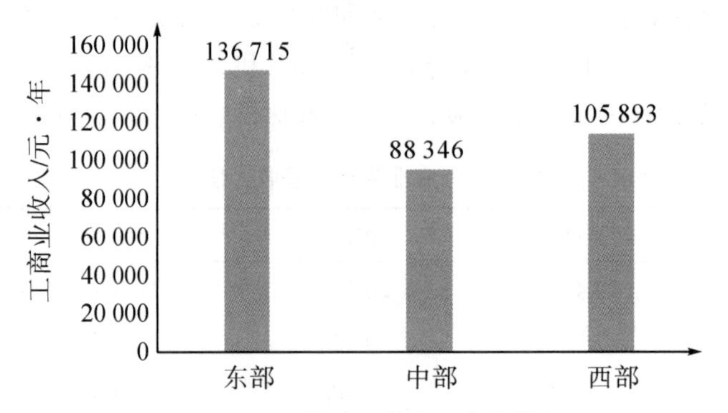


图 8-11　**不同地区家庭工商业收入**

从户主学历差异来看，如图 8-12 所示，随着户主学历的上升，家庭户均工商业收入逐渐增加。户主学历为硕士/博士研究生的家庭工商业收入均值最高，为 436 458 元/年，远高于户主学历为本科的家庭（243 477 元/年）。由此可见，从事工商业的户主学历越高，家庭工商业收入越高。

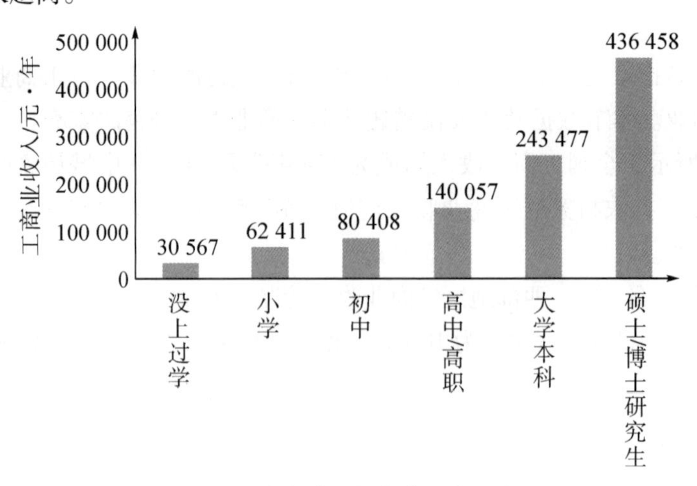


图 8-12　**户主学历与家庭工商业收入**

表 8-11 统计了工商业的行业分布情况。全国工商业收入均值位列前三的行业为金融业，房地产业，科学研究、技术服务和地质勘查业，均值分别为 795 316 元、674 773 元、269 872 元。值得关注的是，金融业的收入均值最高，但亏损比例也最高，为 30.5%。工商业中亏损较高的行业还有采矿业，信息传输、计算机服务和软件业，亏损比例分别为 29.5%和 21.8%。

**表 8-11　工商业行业分布**

| 工作所属行业 | 均值/元·年 | 盈利比例/% | 亏损比例/% |
|---|---|---|---|
| 金融业 | 795 316 | 61.5 | 30.5 |
| 房地产业 | 674 773 | 72.1 | 6.7 |
| 科学研究、技术服务和地质勘查业 | 269 872 | 41.2 | 13.3 |
| 电力、煤气及水生产和供应业 | 234 106 | 79.9 | 7 |
| 建筑业 | 193 329 | 59.3 | 13.9 |
| 制造业 | 176 928 | 70.5 | 6.8 |
| 文化、体育和娱乐业 | 169 136 | 56.7 | 12.5 |
| 信息传输、计算机服务和软件业 | 149 823 | 48.3 | 21.8 |
| 采矿业 | 134 218 | 67 | 29.5 |
| 卫生、社会保障和社会福利业 | 132 232 | 74.1 | 4.6 |
| 其他行业 | 113 941 | 63.1 | 18.2 |
| 居民服务和其他服务业 | 112 598 | 64.1 | 4.7 |
| 租赁和商务服务业 | 109 955 | 69.5 | 7.9 |
| 交通运输、仓储及邮政业 | 99 599 | 75.4 | 7.5 |
| 教育业 | 98 995 | 69.3 | 3.2 |
| 农、林、牧、渔业 | 94 733 | 58.6 | 15.3 |
| 批发和零售业 | 87 152 | 63.2 | 8.1 |
| 住宿和餐饮业 | 83 628 | 64.2 | 10 |
| 公共管理和社会组织业 | 80 000 | 100 | 0 |
| 水利、环境和公共设施管理业 | 73 895 | 86.2 | 0.0 |

### 8.1.5　财产性收入

(1) 财产性收入水平

财产性收入主要包括金融资产收入和房屋土地出租收入。其中，金融资产收入包括定期存款利息收入、股票投资收入、债券投资收入、基金投资收入、金融衍生品投资收入、传统金融理财产品收入、非人民币资产投资收入、黄金和外汇等投资收入。房屋土地出租收入包括土地出租获得的租金及土地分红、房屋出租获得的租金和商铺出租的租金收入等。本节数据及图表仅描述有财产性收入的家庭。

如图 8-13 所示，全国家庭财产性收入均值为 5 441 元。分城乡来看，财产性收入在城乡之间的差距较大，农村家庭的财产性收入较低，仅为 1 596 元，远低于城镇家庭的 7 116 元。

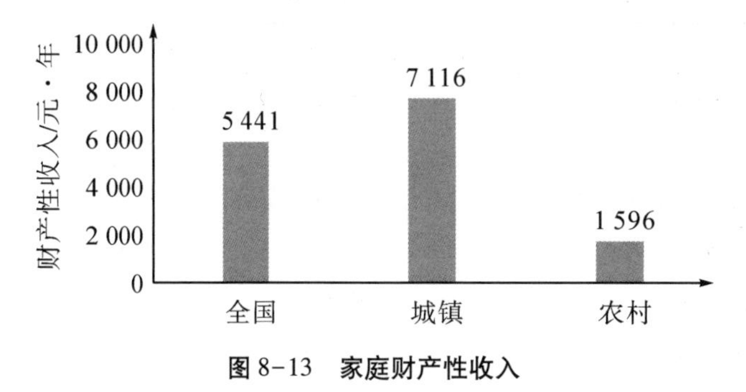


**图 8-13　家庭财产性收入**

从地区差异来看，如图 8-14 所示，我国东、中、西部地区家庭财产性收入均值分别为 7 916 元、3 123 元、3 629 元，东部地区家庭的财产性收入均值远高于中、西部地区。

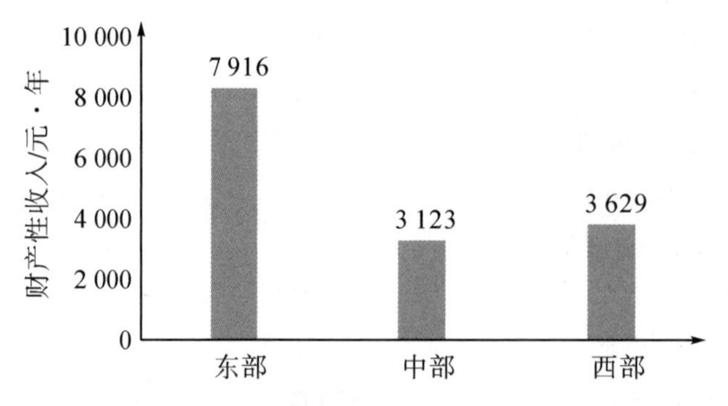


**图 8-14　不同地区家庭财产性收入**

（2）财产性收入结构

表 8-12 统计了家庭财产性收入构成情况。就总体而言，家庭金融资产收入均值为 2 449 元，占财产性收入的 45. 0%；房屋土地出租收入均值为 2 992 元，占财产性收入的 55. 0%，略高于金融资产收入。其中，土地出租收入均值为 379 元，占财产性收入的 7. 0%；房租收入均值 2 612 元，占财产性收入的 48. 0%。由此可见，财产性收入中贡献最大的是房屋土地出租收入，尤其是房租收入。

分城乡来看，家庭户均财产性收入在结构上存在较大差异。城镇家庭金融资产收入和房屋土地出租收入均值分别为 3 254 元、3 862 元，均远高于农村家庭的 602 元、994 元。

从占比来看，城镇家庭财产性收入的45.7%来自金融资产收入，高于农村家庭的37.7%，54.3%来自房屋土地出租收入且主要来自房租收入，低于农村家庭的62.3%。同时，农村家庭中地租收入占财产性收入的比重较高，为37.1%，远高于城镇地区。

**表 8-12　财产性收入结构**

| 收入构成 | 全国 | | 城镇 | | 农村 | |
|---|---|---|---|---|---|---|
| | 均值/元 | 比例/% | 均值/元 | 比例/% | 均值/元 | 比例/% |
| 金融资产收入 | 2 449 | 45.0 | 3 254 | 45.7 | 602 | 37.7 |
| 房屋土地出租 | 2 992 | 55.0 | 3 862 | 54.3 | 994 | 62.3 |
| ——地租收入 | 379 | 7.0 | 287 | 4.0 | 592 | 37.1 |
| ——房租收入 | 2 612 | 48.0 | 3 575 | 50.3 | 403 | 25.2 |
| 财产性收入 | 5 441 | 100.0 | 7 116 | 100.0 | 1 596 | 100.0 |

表8-13统计了东、中、西部地区财产性收入构成情况。从地区差异来看，家庭户均财产性收入同样在结构上有差异。东部地区家庭金融资产收入和房屋土地出租收入的占比分别为45.3%和54.7%；中部地区金融资产收入所占比重较高，为51.5%，房屋土地出租收入占比48.5%；西部地区金融资产收入占比较低，为37.0%，房屋土地出租收入占比较高，为63.0%。可见，东、中部地区家庭的金融资产比例高于西部地区，表明东部和中部地区家庭的投资理财意识更强。

**表 8-13　不同地区家庭财产性收入结构**

| 收入构成 | 东部 | | 中部 | | 西部 | |
|---|---|---|---|---|---|---|
| | 均值/元 | 比例/% | 均值/元 | 比例/% | 均值/元 | 比例/% |
| 金融资产收入 | 3 583 | 45.3 | 1 608 | 51.5 | 1 342 | 37.0 |
| 房屋土地出租 | 4 333 | 54.7 | 1 515 | 48.5 | 2 287 | 63.0 |
| ——地租收入 | 414 | 5.2 | 376 | 12.0 | 317 | 8.7 |
| ——房租收入 | 3 919 | 49.5 | 1 139 | 36.5 | 1 971 | 54.3 |
| 财产性收入 | 7 916 | 100.0 | 3 123 | 100.0 | 3 629 | 100.0 |

### 8.1.6　转移性收入

转移性收入包括退休养老收入、关系收入、土地征收补偿、住房拆迁补偿、政府补贴（非农业）、商业理赔和其他收入。其中，关系收入包括春节和中秋节等节假日收入、红白喜事收入以及教育、生活费、继承财产、捐赠或资助和其他收入等；政府补贴包括抚恤金、自然灾害补助金、扶贫款、医疗救助金、“五保户”补贴款、临时救助金、低保金、失业保险金等；其他收入包括住房公积金、博彩、打牌收入、辞退金等。本节数据及图表仅描述有转移性收入的家庭。

（1）转移性收入概况

如图 8-15 所示，全国家庭转移性收入均值为 40 505 元，中位数为 9 000 元，可见转移性收入的差距较大。其中，城镇家庭转移性收入均值为 56 845 元，中位数为 20 000 元；农村家庭转移性收入均值为 10 111 元，中位数为 3 480 元。由此可见，在转移性收入方面，无论是均值还是中位数，城镇家庭都远远高于农村家庭，因此缩小城乡差距可以考虑增加农村家庭的转移性收入。

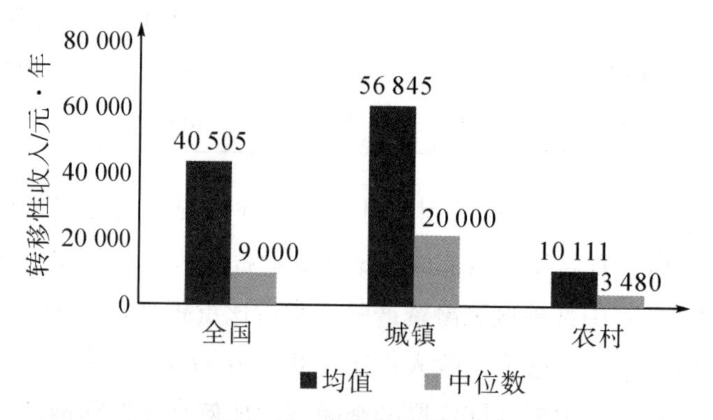


图 8-15　家庭转移性收入

按地区分，如图 8-16 所示，东部地区的转移性收入均值为 57 656 元，中位数为 12 000 元；中部、西部地区转移性收入均值分别为 23 411 元、31 555 元，中位数分别为 7 000 元、6 536 元。可见，东部地区家庭的转移性收入均值和中位数均高于中、西部地区。

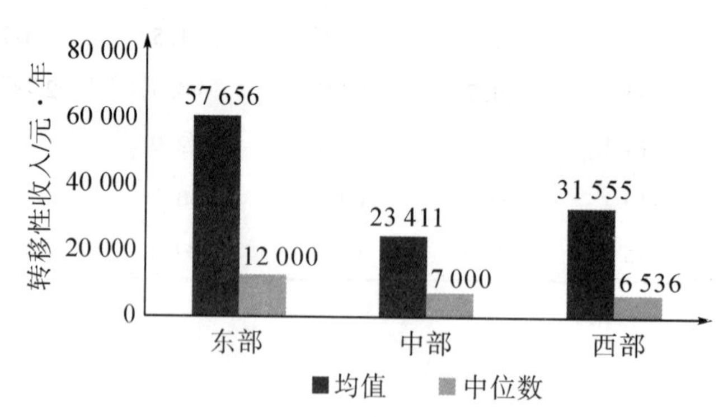


图 8-16　不同地区家庭转移性收入

（2）转移性收入结构

表 8-14 统计了家庭转移性收入的构成情况。转移性收入包括退休养老收入、住房公积金、关系收入、土地征收补偿、住房拆迁补偿、政府补贴（非农业）、商业理赔和其他收入。其中，全国退休养老收入均值为 26 000 元，占转移性收入的比重最高，为 64. 2%；其次是住房拆迁补偿，均值为 6 062 元，占转移性收入的 15. 0%；关系收入均值 3 802 元，占比 9. 4%。由此可见，转移性收入中贡献最大的是退休养老收入，其次是住房拆迁补偿收入和关系收入。

分城乡来看，家庭户均转移性收入在结构上差异较大。城镇家庭退休养老收入在转移性收入中占比最高，为 66. 7%，而农村家庭退休养老收入占比仅为 37. 6%。城镇家庭住房拆迁补偿占比也较高，为 15. 4%，农村家庭住房拆迁补偿占比 10. 7%。农村家庭中关系收入占比较高，为 30. 2%，城镇家庭则仅占比 7. 4%；农村家庭的政府补贴收入占比也明显高于城镇家庭，为 10. 5%。

**表 8-14　家庭转移性收入结构**

| 收入构成 | 全国 | | 城镇 | | 农村 | |
|---|---|---|---|---|---|---|
| | 均值/元 | 比例/% | 均值/元 | 比例/% | 均值/元 | 比例/% |
| 退休养老收入 | 26 000 | 64. 2 | 37 934 | 66. 7 | 3 802 | 37. 6 |
| 住房拆迁补偿 | 6 062 | 15. 0 | 8 741 | 15. 4 | 1 080 | 10. 7 |
| 关系收入 | 3 802 | 9. 4 | 4 203 | 7. 4 | 3 057 | 30. 2 |
| 政府补贴 | 822 | 2. 0 | 691 | 1. 2 | 1 064 | 10. 5 |
| 土地征收补偿 | 395 | 1. 0 | 297 | 0. 5 | 577 | 5. 7 |
| 商业理赔 | 113 | 0. 3 | 159 | 0. 3 | 25 | 0. 3 |
| 其他收入 | 3 311 | 8. 1 | 4 820 | 8. 5 | 505 | 5. 0 |
| 转移性收入 | 40 505 | 100. 0 | 56 845 | 100. 0 | 10 111 | 100. 0 |

表 8-15 统计了东、中、西部地区转移性收入的构成情况。按地区分，家庭户均转移性收入同样在结构上存在一定的差异。东部地区家庭退休养老收入在转移性收入中占比 72. 8%，远高于中部地区的 57. 8%和西部地区的 42. 2%；西部地区的住房拆迁补偿占比较高，为 32. 1%，明显高于东、中部地区；中部地区关系收入占比 16. 7%，高于东、西部地区；政府补贴、土地征收补偿、商业理赔和其他收入在转移性收入中的比例较低，地区间差异较小。

**表 8-15　不同地区家庭转移性收入结构**

| 收入构成 | 东部 | | 中部 | | 西部 | |
|---|---|---|---|---|---|---|
| | 均值/元 | 比例/% | 均值/元 | 比例/% | 均值/元 | 比例/% |
| 退休养老收入 | 41 978 | 72. 8 | 13 533 | 57. 8 | 13 307 | 42. 2 |
| 住房拆迁补偿 | 6 254 | 10. 8 | 2 560 | 10. 9 | 10 135 | 32. 1 |
| 关系收入 | 3 967 | 6. 9 | 3 905 | 16. 7 | 3 380 | 10. 7 |
| 政府补贴 | 680 | 1. 2 | 814 | 3. 5 | 1 084 | 3. 4 |
| 土地征收补偿 | 354 | 0. 6 | 376 | 1. 6 | 490 | 1. 6 |
| 商业理赔 | 113 | 0. 2 | 113 | 0. 5 | 110 | 0. 3 |
| 其他收入 | 4 311 | 7. 5 | 2 109 | 9. 0 | 3 048 | 9. 7 |
| 转移性收入 | 57 656 | 100. 0 | 23 411 | 100. 0 | 31 555 | 100. 0 |

（3）征地、拆迁补偿水平

如图 8-17 所示，获得征地补偿的家庭中，户均征地补偿收入为 36 947 元，中位数为 11 000 元，可见土地征收补偿差异较大。其中，城镇家庭土地征收补偿均值为 42 743 元，中位数为 25 956 元；农村家庭土地征收补偿均值为 32 698 元，中位数为 7 000 元，均远低于城镇家庭。按地区分，中部地区土地征收补偿均值最高，为 40 603 元，东部地区次之，西部地区最低。

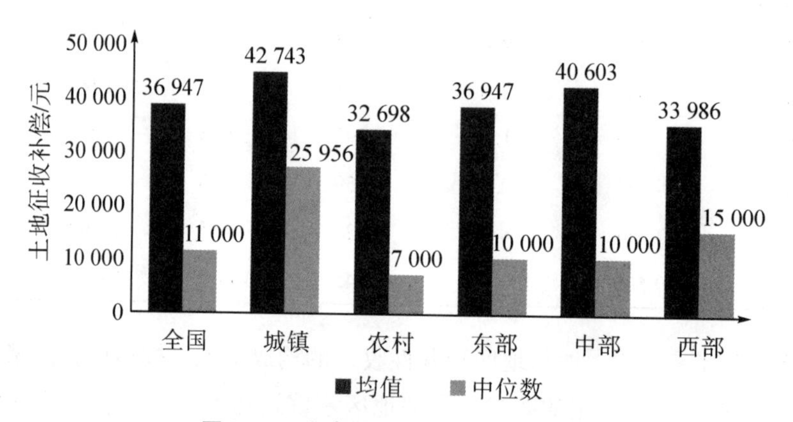


**图 8-17　家庭因征地获得的补偿收入**

图 8-18 统计了家庭因房屋拆迁获得补偿收入的情况。全国房屋拆迁补偿均值为 704 877 元，中位数为 500 000 元，可见房屋拆迁补偿差异较大。其中，城镇家庭房屋拆迁补偿均值为 893 846 元，中位数为 550 000 元，远高于农村家庭的 168 573 元、44 000 元。分地区来看，东、中、西部地区房屋拆迁补偿均值分别为 829 205 元、394 308 元、771 367 元，中位数分别为 537 840 元、140 000 元、500 000 元，总体呈“U”形分布，即东部最高，西部次之，中部最低。

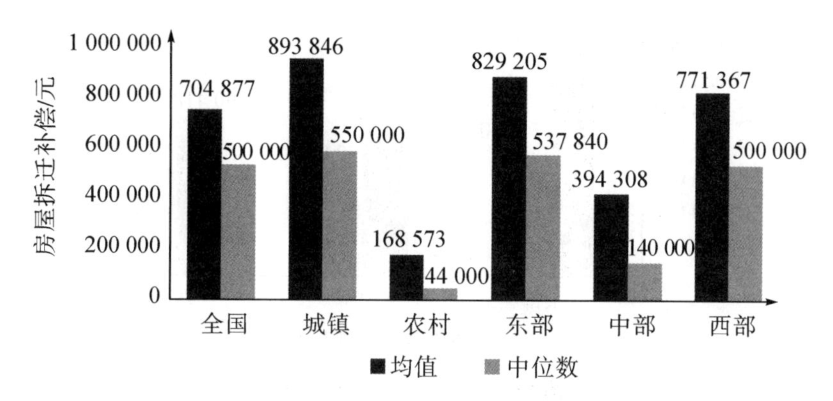


图 8-18 不同地区家庭因房屋拆迁获得的补偿收入

## 8.2 家庭支出

### 8.2.1 家庭支出概况

（1）家庭总支出水平

如图 8-19 所示，我国家庭支出均值为 97 796 元，中位数为 66 500 元。城镇家庭支出均值为 118 943 元，中位数为 84 302 元；农村家庭支出均值为 59 354 元，中位数为 41 254 元，均低于城镇家庭。

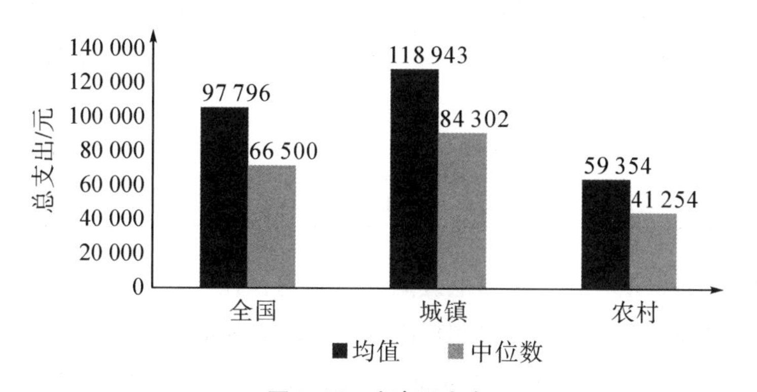


图 8-19 家庭总支出

按地区分，如图 8-20 所示，我国东、中、西部地区家庭支出均值分别为 113 384 元、82 061 元和 90 418 元，中位数分别为 74 870 元、59 838 元、62 000 元。可以看出东部地区总支出均值和中位数均高于中、西部地区。

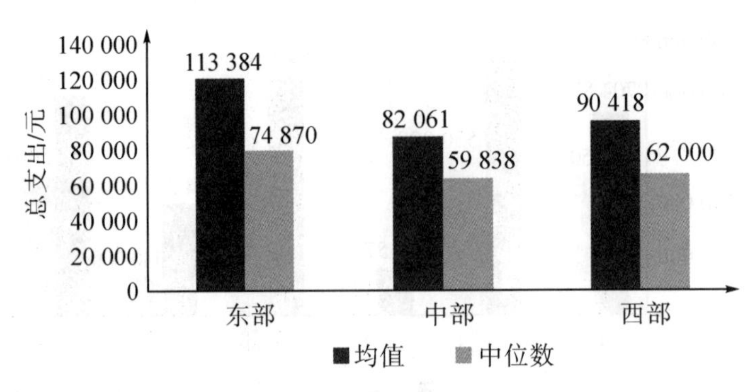


图 8-20　地区与家庭总支出

（2）家庭总支出结构

如表 8-16 所示，家庭总支出包括消费性支出、转移性支出和保险支出（个人缴纳的社会保险和商业保险），均值分别为 83 016 元、4 278 元、10 503 元，在家庭总支出中的占比分别为 84.9%、4.4%、10.7%。显然，消费性支出是家庭总支出的最主要部分。分城乡来看，家庭总支出存在一定的差异。城乡家庭消费性支出分别为 99 134 元和 53 715 元，占比分别为 83.3%和 90.5%，农村家庭消费性支出占比更高。同时，城镇家庭保险支出均值 14 461 元，占比 12.2%，明显高于农村地区。

表 8-16　家庭总支出结构

| 支出结构 | 全国 | | 城镇 | | 农村 | |
|---|---|---|---|---|---|---|
| | 均值/元 | 比例/% | 均值/元 | 比例/% | 均值/元 | 比例/% |
| 消费性支出 | 83 016 | 84.9 | 99 134 | 83.3 | 53 715 | 90.5 |
| 转移性支出 | 4 278 | 4.4 | 5 348 | 4.5 | 2 332 | 3.9 |
| 保险支出 | 10 503 | 10.7 | 14 461 | 12.2 | 3 307 | 5.6 |
| 总支出 | 97 796 | 100.0 | 118 943 | 100.0 | 59 354 | 100.0 |

从地区差异来看，东、中、西部地区间支出结构存在一定的差异。如表 8-17 所示，东部地区的消费性支出、转移性支出和保险支出的均值都最高，分别为 94 020 元、5 018 元和 14 345 元。从构成来看，中、西部地区家庭消费性支出占比较高，分别为 87.1%、86.7%；东部地区保险支出占比更高，为 12.7%，表明东部地区家庭的保险意识高于中、西部地区家庭。

**表 8-17 地区与家庭总支出结构**

| 支出结构 | 东部 | | 中部 | | 西部 | |
|---|---|---|---|---|---|---|
| | 均值/元 | 比例/% | 均值/元 | 比例/% | 均值/元 | 比例/% |
| 消费性支出 | 94 020 | 82.9 | 71 464 | 87.1 | 78 394 | 86.7 |
| 转移性支出 | 5 018 | 4.4 | 3 483 | 4.2 | 3 990 | 4.4 |
| 保险支出 | 14 345 | 12.7 | 7 114 | 8.7 | 8 034 | 8.9 |
| 总支出 | 113 384 | 100.0 | 82 061 | 100.0 | 90 418 | 100.0 |

表 8-18 统计了有相关支出的家庭占比。从全国来看，有转移性支出和保险支出的家庭占比分别为 65.2%和 87.3%。其中，城镇家庭中有转移性支出的家庭占比 70.1%，高于农村家庭的 56.3%；有保险支出的城镇家庭占比 85.3%，低于农村家庭的 90.9%。得益于国家实施的新型农村合作医疗保险政策，农村地区的保险覆盖率较高。按地区分，东部地区的保险支出比例最低，其次是中部地区，西部地区保险支出占比最高；各地区间转移性支出比例相差较小。

**表 8-18 有转移性支出及保险支出的家庭占比** 单位:%

| 支出项目 | 全国 | 城镇 | 农村 | 东部 | 中部 | 西部 |
|---|---|---|---|---|---|---|
| 转移性支出 | 65.2 | 70.1 | 56.3 | 64.5 | 65.2 | 66.5 |
| 保险支出 | 87.3 | 85.3 | 90.9 | 85.7 | 88.1 | 89.1 |

### 8.2.2 消费性支出

家庭消费性支出是指日常生活所发生的支出，包括食品支出、衣着支出、生活居住支出、日用品与耐用品支出、医疗保健支出、交通通信支出、教育娱乐支出和其他支出八个部分。

（1）消费性支出水平

如图 8-21 所示，我国家庭消费性支出均值为 83 016 元，中位数为 57 680 元；城镇家庭消费性支出均值为 99 134 元，中位数为 70 691 元；农村家庭消费性支出均值为 53 715 元，中位数为 37 449 元。可见，我国城乡家庭消费性支出存在较大差异。

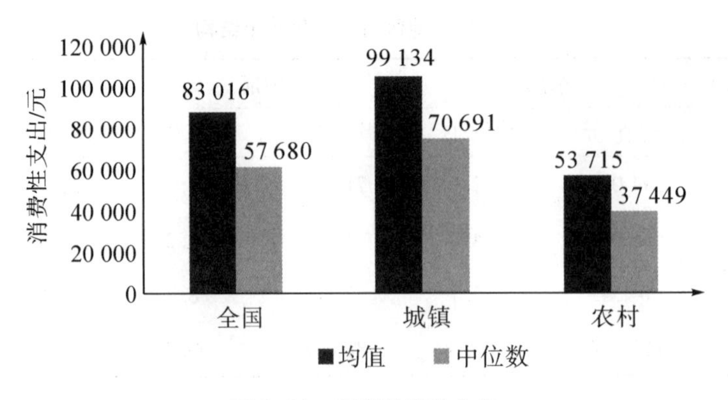


**图 8-21　家庭消费性支出**

从地区差异来看，如图 8-22 所示，我国东、中、西部地区家庭消费性支出均值分别为 94 020 元、71 464 元和 78 394 元，中位数分别为 64 053 元、52 092 元、55 013 元。可以看出，东部地区家庭消费性支出均值高于中、西部地区，中、西部地区家庭消费性支出的中位数值基本持平。

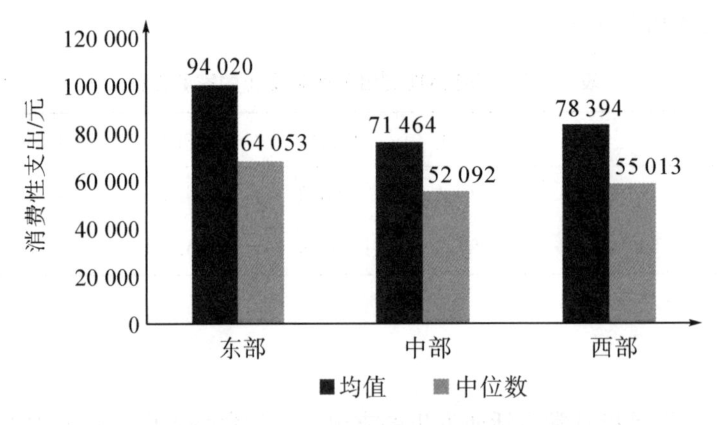


**图 8-22　地区与家庭消费性支出**

（2）消费性支出结构

如表 8-19 所示，全国家庭消费性支出占比居前四位的分别是食品支出、交通通信支出、教育娱乐支出、生活起居支出，其均值分别为 26 413 元、15 781 元、9 621 元、9 533 元，在消费性支出中的占比分别为 31.8%、19.0%、11.6%、11.5%，累计占比 73.9%。分城乡来看，家庭消费性支出在结构上差异较大。城镇家庭消费性支出结构与全国基本一致；但农村家庭消费性支出占比居前四位的分别是食物支出、交通通信支出、医疗保健支出、生活起居支出，其均值分别为 19 030 元、9 354 元、7 271 元、5 629 元，占比分别为 35.4%、17.4%、13.5%、10.5%。可以看出，城镇家庭的生活起居支出和教育娱乐支出占比都高于农村家庭，而农村家庭医疗保健支出占比超过城镇家庭，表明我国农村家庭医疗负担较重。

表 8-19 家庭消费性支出结构

| 支出项目 | 全国 | | 城镇 | | 农村 | |
|---|---|---|---|---|---|---|
| | 均值/元 | 比例/% | 均值/元 | 比例/% | 均值/元 | 比例/% |
| 食品支出 | 26 413 | 31.8 | 30 474 | 30.7 | 19 030 | 35.4 |
| 衣着支出 | 2 739 | 3.3 | 3 338 | 3.4 | 1 650 | 3.1 |
| 生活起居支出 | 9 533 | 11.5 | 11 680 | 11.8 | 5 629 | 10.5 |
| 日用品及耐用品支出 | 8 335 | 10.0 | 10 515 | 10.6 | 4 371 | 8.1 |
| 交通通信支出 | 15 781 | 19.0 | 19 316 | 19.5 | 9 354 | 17.4 |
| 教育娱乐支出 | 9 621 | 11.6 | 12 288 | 12.4 | 4 773 | 8.9 |
| 医疗保健支出 | 7 941 | 9.6 | 8 309 | 8.4 | 7 271 | 13.5 |
| 其他支出 | 2 654 | 3.2 | 3 213 | 3.2 | 1 637 | 3.1 |
| 总消费性支出 | 83 016 | 100.0 | 99 134 | 100.0 | 53 715 | 100.0 |

表 8-20 统计了东、中、西部地区家庭消费性支出的构成情况。东、中、西部地区家庭消费性支出占比居前四位的均为食品支出、交通通信支出、教育娱乐支出和生活起居支出，且地区间的差异较小。值得注意的是，中、西部地区的医疗保健支出占比均高于东部地区，表明中、西部地区家庭医疗负担较重。

表 8-20 地区与家庭消费性支出结构

| 支出项目 | 东部 | | 中部 | | 西部 | |
|---|---|---|---|---|---|---|
| | 均值/元 | 比例/% | 均值/元 | 比例/% | 均值/元 | 比例/% |
| 食品支出 | 29 345 | 31.2 | 23 172 | 32.4 | 25 398 | 32.4 |
| 衣着支出 | 2 983 | 3.2 | 2 510 | 3.5 | 2 600 | 3.3 |
| 生活起居支出 | 11 215 | 11.9 | 7 809 | 10.9 | 8 771 | 11.2 |
| 日用品及耐用品支出 | 9 813 | 10.4 | 6 927 | 9.7 | 7 524 | 9.6 |
| 交通通信支出 | 18 297 | 19.5 | 12 882 | 18.0 | 15 066 | 19.2 |
| 教育娱乐支出 | 11 583 | 12.3 | 7 913 | 11.1 | 8 332 | 10.6 |
| 医疗保健支出 | 7 995 | 8.5 | 7 765 | 10.9 | 8 074 | 10.3 |
| 其他支出 | 2 790 | 3.0 | 2 485 | 3.5 | 2 629 | 3.4 |
| 总消费性支出 | 94 020 | 100.0 | 71 464 | 100.0 | 78 394 | 100.0 |

8.2.3　转移性支出

转移性支出是指给家庭成员以外的人或组织的现金或非现金支出，包括春节、中秋节等节假日的支出，红白喜事支出，在教育、医疗和生活费上给予他人的资助支出以及其他方面的转移性支出。本节数据及图表仅描述有转移性支出的家庭。

（1）家庭转移性支出水平

如图 8-23 所示，我国家庭转移性支出均值为 6 563 元，中位数为 2 600 元。城镇家庭转移性支出均值为 7 632 元，中位数为 3 000 元；农村家庭转移性支出均值为 4 144 元，中位数为 2 000 元，均低于城镇家庭。

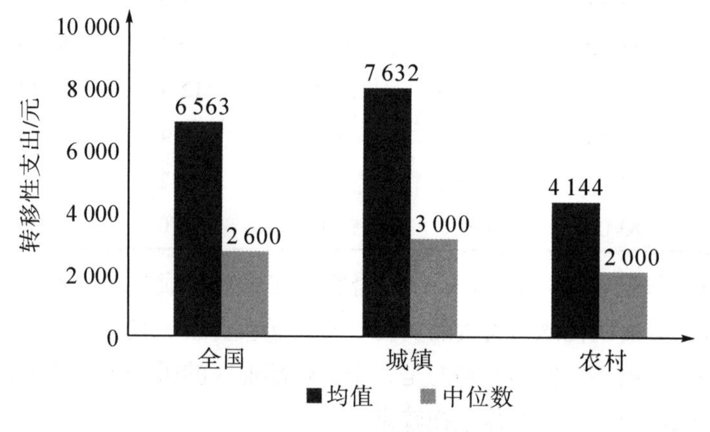


**图 8-23　家庭转移性支出**

从地区差异来看，如图 8-24 所示，东、中、西部地区家庭转移性支出均值分别为 7 783 元、5 345 元和 6 003 元，中位数分别为 3 000 元、2 500 元和 2 383 元。可见，东部地区家庭的转移性支出均值和中位数均高于中、西部地区。

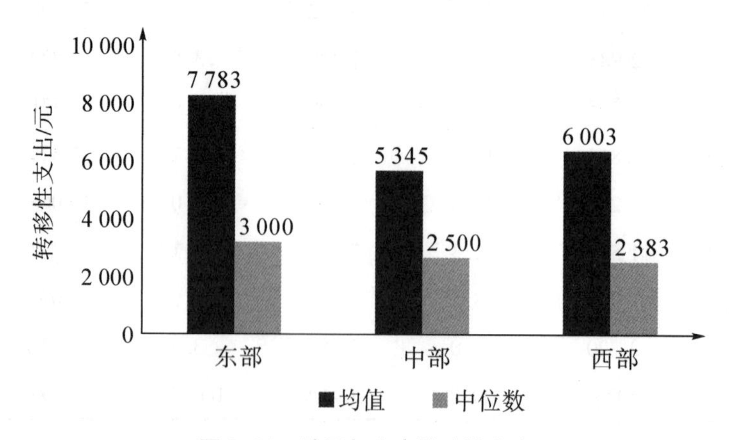


**图 8-24　地区与家庭转移性支出**

如表 8-21 所示，从不同收入水平（此处收入的划分与前文一致，且仅考虑收入为正的家庭）的家庭来看，无论是有转移性支出的比例还是转移性支出均值，都随着收入的上升而上升，而转移性支出占总收入的比重则基本随收入上升呈现出逐渐降低的趋势。值得注意的是，在低收入家庭中，转移性支出占总收入的比重高达 19.4%，说明低收入家庭转移性支出负担较重。

**表 8-21　不同收入组家庭的转移性支出**

| 收入分组 | 有转移性支出比例/% | 转移性支出额度/元 | 家庭总收入/元 | 转移性支出/家庭总收入/% |
|---|---|---|---|---|
| 0~20%低收入组 | 47.5 | 1 570 | 8 091 | 19.4 |
| 21%~40%较低收入组 | 61.2 | 2 373 | 31 362 | 7.6 |
| 41%~60%中等收入组 | 68.6 | 2 916 | 59 191 | 4.9 |
| 61%~80%较高收入组 | 73.0 | 4 582 | 98 288 | 4.7 |
| 81%~100%高收入组 | 77.3 | 10 147 | 329 425 | 3.1 |
| 总体 | 65.5 | 4 317 | 105 259 | 4.1 |

注：针对家庭总收入为正的家庭，不限制有无转移性支出。即若无，则为 0。

（2）家庭转移性支出结构

如表 8-22 所示，全国家庭转移性支出主要由节假日支出和红白喜事支出构成，其均值分别为 2 157 元、2 116 元，在转移性支出中的占比分别为 37.6%和 36.9%。分城乡来看，城镇家庭和农村家庭的转移性支出主要也是节假日支出和红白喜事支出。其中，城镇家庭节假日支出占比 40.4%，高于农村家庭的 27.6%；而农村家庭的红白喜事支出较高，均值为 2 364 元，占转移性收入的比重为 57.4%。

**表 8-22　家庭转移性支出结构**

| 支出项目 | 全国 | | 城镇 | | 农村 | |
|---|---|---|---|---|---|---|
| | 均值/元 | 比例/% | 均值/元 | 比例/% | 均值/元 | 比例/% |
| 节假日支出 | 2 157 | 37.6 | 2 607 | 40.4 | 1 136 | 27.6 |
| 红白喜事支出 | 2 116 | 36.9 | 2 006 | 31.1 | 2 364 | 57.4 |
| 教育支出 | 298 | 5.2 | 385 | 6.0 | 102 | 2.5 |
| 医疗支出 | 205 | 3.6 | 232 | 3.6 | 144 | 3.5 |
| 生活费支出 | 462 | 8.0 | 580 | 9.0 | 195 | 4.7 |
| 捐赠或资助支出 | 332 | 5.8 | 436 | 6.7 | 98 | 2.4 |
| 其他支出 | 165 | 2.9 | 204 | 3.2 | 77 | 1.9 |
| 总转移性支出 | 5 735 | 100.0 | 6 450 | 100.0 | 4 116 | 100.0 |

从地区差异来看，如表 8-23 所示，东部地区家庭转移性支出中占比最高的为节假日支出，均值为 2 683 元，占比 43.7%，高于中、西部地区；中、西部地区的红白喜事支出在转移性支出中占比最高，均值分别为 2 396 元和 2 310 元，占比分别为 47.4%和 39.2%，高于东部地区。

表 8-23　不同地区家庭转移性支出结构

| 支出项目 | 东部 | | 中部 | | 西部 | |
|---|---|---|---|---|---|---|
| | 均值/元 | 比例/% | 均值/元 | 比例/% | 均值/元 | 比例/% |
| 节假日支出 | 2 683 | 43.7 | 1 716 | 33.9 | 1 797 | 30.5 |
| 红白喜事支出 | 1 800 | 29.3 | 2 396 | 47.4 | 2 310 | 39.2 |
| 教育支出 | 354 | 5.8 | 313 | 6.2 | 179 | 3.0 |
| 医疗支出 | 261 | 4.2 | 139 | 2.8 | 192 | 3.3 |
| 生活费支出 | 600 | 9.8 | 321 | 6.3 | 401 | 6.8 |
| 捐赠或资助支出 | 185 | 3.0 | 92 | 1.8 | 911 | 15.5 |
| 其他支出 | 261 | 4.2 | 81 | 1.6 | 106 | 1.8 |
| 总转移性支出 | 6 144 | 100.0 | 5 057 | 100.0 | 5 896 | 100.0 |

按支出对象，转移性支出可以分为三类：父母类、公婆岳父母类和其他亲属类。表 8-24 统计了转移性支出按支付对象的构成情况。在转移性支出中，支付给其他亲属是最大的开支，占比 68.1%；其次是支付给父母（21.0%）、公婆和岳父母（10.9%）。城乡和地区之间的转移性支出对象呈现出和全国相同的规律。从城乡差异来看，农村家庭给其他亲属的转移性支出占比 85.5%，远高于城镇家庭的 64.2%。从地区差异来看，东部地区家庭给父母、公婆/岳父母的转移性支出占比均高于中、西部地区。

表 8-24　家庭转移性支出对象分布　　单位:%

| 支出对象 | 全国 | 城镇 | 农村 | 东部 | 中部 | 西部 |
|---|---|---|---|---|---|---|
| 父母 | 21.0 | 23.8 | 9.2 | 24.3 | 17.4 | 17.5 |
| 公婆/岳父母 | 10.9 | 12.0 | 6.3 | 13.1 | 8.9 | 8.2 |
| 其他亲属 | 68.1 | 64.2 | 84.5 | 62.6 | 73.7 | 74.3 |
| 总转移性支出 | 100.0 | 100.0 | 100.0 | 100.0 | 100.0 | 100.0 |

### 8.2.4 家庭保险支出

如表 8-25 所示，全国家庭保险支出主要由社会保险、商业保险和汽车保险构成，其均值分别为 6 800 元、2 262 元和 1 442 元，在保险支出中的占比分别为 64.8%、21.5%和 13.7%。在社会保险支出中（仅包括个人缴纳部分），主要是社会养老保险、住房公积金和社会医疗保险，分别占总保险支出的 27.4%、20.2%和 14.0%。在商业保险支出中，主要是商业人寿险和商业健康保险。分城乡来看，家庭户均保险支出在结构上有差异。城镇家庭社会保险占保险总支出的比例为 65.6%，高于农村家庭的 58.1%；城镇家庭商业保险和汽车保险占保险总支出的占比分别为 21.4%和 13.0%，略低于农村家庭。

**表 8-25 家庭保险支出**

| 支出项目 | 全国 | | 城镇 | | 农村 | |
|---|---|---|---|---|---|---|
| | 均值/元 | 比例/% | 均值/元 | 比例/% | 均值/元 | 比例/% |
| 社会保险 | 6 800 | 64.8 | 9 483 | 65.6 | 1 922 | 58.1 |
| 社会养老险 | 2 875 | 27.4 | 4 060 | 28.1 | 720 | 21.8 |
| 企业年金 | 336 | 3.2 | 499 | 3.4 | 41 | 1.2 |
| 社会医疗险 | 1 466 | 14.0 | 1 772 | 12.3 | 909 | 27.5 |
| 住房公积金 | 2 123 | 20.2 | 3 152 | 21.8 | 252 | 7.6 |
| 商业保险 | 2 262 | 21.5 | 3 093 | 21.4 | 748 | 22.6 |
| 商业人寿险 | 1 021 | 9.7 | 1 370 | 9.5 | 386 | 11.7 |
| 商业健康险 | 924 | 8.8 | 1 276 | 8.8 | 283 | 8.5 |
| 商业其他险 | 317 | 3.0 | 447 | 3.1 | 79 | 2.4 |
| 汽车保险 | 1 442 | 13.7 | 1 885 | 13.0 | 637 | 19.3 |
| 保险总支出 | 10 503 | 100.0 | 14 461 | 100.0 | 3 307 | 100.0 |

从地区来看，如表 8-26 所示，东部地区保险支出均值为 14 345 元，远高于中部地区家庭的 7 114 元和西部地区家庭的 8 034 元。从保险支出结构来看，东、中、西部地区社会保险支出分别为 9 365 元、4 450 元和 5 271 元，占比分别为 65.3%、62.5%和 65.6%，东、西部地区社会保险支出占比高于中部地区；东、中、西部地区商业保险支出均值分别为 2 972 元、1 750 元和 1 651 元，占比分别为 20.7%、24.6%和 20.5%，中部地区占比更高；汽车保险占总保险支出的比例在地区间的差异较小。

表 8-26　不同地区家庭保险支出

| 支出项目 | 东部 | | 中部 | | 西部 | |
|---|---|---|---|---|---|---|
| | 均值/元 | 比例/% | 均值/元 | 比例/% | 均值/元 | 比例/% |
| 社会保险 | 9 365 | 65. 3 | 4 450 | 62. 5 | 5 271 | 65. 6 |
| 社会养老险 | 3 992 | 27. 8 | 1 908 | 26. 8 | 2 133 | 26. 5 |
| 企业年金 | 430 | 3. 0 | 191 | 2. 7 | 361 | 4. 5 |
| 社会医疗险 | 1 912 | 13. 4 | 1 060 | 14. 9 | 1 195 | 14. 9 |
| 住房公积金 | 3 031 | 21. 1 | 1 291 | 18. 1 | 1 582 | 19. 7 |
| 商业保险 | 2 972 | 20. 7 | 1 750 | 24. 6 | 1 651 | 20. 5 |
| 商业人寿险 | 1 306 | 9. 1 | 787 | 11. 0 | 813 | 10. 1 |
| 商业健康险 | 1 290 | 9. 0 | 659 | 9. 3 | 611 | 7. 6 |
| 商业其他险 | 376 | 2. 6 | 304 | 4. 3 | 227 | 2. 8 |
| 汽车保险 | 2 009 | 14. 0 | 915 | 12. 9 | 1 113 | 13. 9 |
| 保险总支出 | 14 345 | 100. 0 | 7 114 | 100. 0 | 8 034 | 100. 0 |

### 专题 8-1　个人所得税改革与家庭收入

2018 年 12 月 22 日，《国务院关于印发个人所得税专项附加扣除暂行办法的通知》发布。此次个税改革不仅调整了免征额以及税级、税率，还首次将个人所得税由分类税制转变为综合与分类相结合的个人税制，并增加了 6 项专项附加扣除。新税制极大地降低了中低收入人口的纳税负担，进一步促进了税收公平。

据中国家庭金融调查（CHFS）数据测算，个税免征额自 2018 年 10 月提高至 5 000 元后，将使 2018 年第四季度的个人综合所得[①]个税总额减少 49%，全年综合所得税总额减少 12. 3%，全年减税总额 1 300 亿元。2019 年，随着提高个税免征额和专项附加扣除方案的同时实施，个税总量将减少近 6 600 亿元，其中提高起征点将减税约 6 000 亿元，专项附加扣除将减税约 600 亿元。预计 2021 年和 2022 年综合所得个税总额将分别超过 2017 年和 2018 年的水平。

表 8-27 对不同收入组进行了减税测算，专项附加扣除惠及的最大规模人口为年综合所得 6 万~9. 6 万元的纳税人，占应纳税人口的 59. 4%，减税总额 1 997 元，减税比例 88. 9%。其中，由于免征额提高而带来的平均减税额 1 810 元，减税比例 80. 6%；由于专项附加扣除进一步减税 187 元，减税比例 8. 3%。此外，年综合所得 36 万元以上的纳税人

① 个人综合所得包括工资薪金、劳务报酬、稿酬和特别许可权使用费。

减税总额高达 28 709 元，减税比例 18.6%。

**表 8-27　不同收入组家庭减税测算**

| 年综合所得/万元 | 应纳税人口比例/% | 免征额提高减税额/元 | 减税比例/% | 专项附加扣除减税额/元 | 减税比例/% | 减税总额/元 | 减税比例/% |
|---|---|---|---|---|---|---|---|
| (6，9.6] | 59.4 | 1 810 | 80.6 | 187 | 8.3 | 1 997 | 88.9 |
| (9.6，20.4] | 32.1 | 7 394 | 61.3 | 824 | 6.8 | 8 218 | 68.1 |
| (20.4，36] | 8.5 | 20 090 | 45.5 | 2 150 | 1.9 | 22 240 | 50.4 |
| 36 及以上 |  | 25 730 | 16.7 | 2 979 | 1.9 | 28 709 | 18.6 |

注：减税比例=减税额/原纳税额。

2019 年中国家庭金融调查数据显示，有个人综合所得的居民中，未申报个人所得税附加扣除的比例为 90.0%，有申报的比例为 10.0%。如表 8-28 所示，未申报个人所得税附加扣除的居民中，不符合申报扣除条件的占比最高，为 45.3%，不知道个税专项附加扣除政策的占 21.5%，不知道如何申报的占 13.9%。有申报的居民中，如表 8-29 所示，申报项目比例最高的是赡养老人，比例为 67.3%；其次是子女教育，比例为 62.1%。

**表 8-28　未申报个人所得税附加扣除的原因**

| 没有申报的原因 | 比例/% |
|---|---|
| 不符合申报扣除条件 | 45.3 |
| 不知道个税专项附加扣除政策 | 21.5 |
| 不知道如何申报 | 13.9 |
| 打算年底或明年汇算清缴时申报 | 3.8 |
| 担心泄露个人隐私等原因而不愿意申报 | 1.6 |
| 其他 | 14.0 |
| 总计 | 100.0 |

**表 8-29　个人所得税专项附加扣除项目申报**

| 申报项目 | 申请比例/% |
|---|---|
| 赡养老人 | 67.3 |
| 子女教育 | 62.1 |
| 住房贷款利息 | 30.8 |
| 继续教育 | 8.1 |
| 大病医疗 | 7.8 |
| 住房租金 | 6.1 |

由此可见，相比于专项附加扣除其他项目，赡养老人和子女教育这两项惠及人口更广。对比美国、加拿大等 26 个国家（地区）的个人所得税教育专项附加扣除情况，此次个人所得税教育专项附加扣除标准处于国际较高水平。

专项附加扣除具有更深层次的意义。专项附加扣除让税有“收”有“返”，促进税负更加公平合理。此外，专项附加扣除对提振内需、提升教学质量也将发挥积极作用。

目前专项附加扣除项目包括的内容还有待完善，项目中未包括配偶失业和除配偶及子女外的大病医疗支出。因此，在条件成熟时可以考虑将配偶失业和除配偶及子女外的家庭成员大病医疗纳入附加扣除项目。最后，个税改革应该在利益平衡中推进。此次专项附加扣除还未惠及的那部分个税免征人口，在条件成熟时可通过“负税率”制度等方式，进一步完善收入分配制度，最终促进社会公平与和谐稳定。

# 9 保险与保障

保险与保障是家庭金融资产的重要组成部分，兼具风险规避与储蓄、投资等功能的保险和保障是中国居民现代生活的必需品之一。

## 9.1 社会保障

### 9.1.1 养老保险

（1）养老保险覆盖率

2019 年中国家庭金融调查数据显示（表 9-1），从全国来看，67. 3%的居民有养老保障，其中 61. 1%的居民以社会养老保险的方式养老，6. 2%的居民以机关事业单位离退休工资方式养老。

**表 9-1 居民社会养老方式分布** 单位:%

| 有无养老保险 | 全国 | 城镇 | 农村 | 东部 | 中部 | 西部 |
|---|---|---|---|---|---|---|
| 无养老保险 | 32. 7 | 30. 1 | 36. 7 | 29. 1 | 34. 7 | 36. 3 |
| 有养老保险 | 67. 3 | 69. 9 | 67. 3 | 70. 9 | 65. 3 | 63. 7 |
| ——社会养老保险 | 61. 1 | 60. 4 | 62. 1 | 64. 2 | 59. 8 | 57. 4 |
| ——机关事业单位退休金/离休金 | 6. 2 | 9. 5 | 1. 2 | 6. 7 | 5. 5 | 6. 3 |

注：社会养老保险的状况仅针对 16 周岁及以上的家庭成员询问。

分城乡来看，在城镇地区，有 30. 1%的居民无任何形式的养老保险，而享有养老保险的居民中，69. 9%的居民以社会养老保险的方式养老，9. 5%的居民以机关事业单位退休金/离休金的方式养老；在农村地区，36. 7%的居民无任何形式的养老保险，高于城镇地区，67. 3%的居民以社会养老保险的方式养老，1. 2%的居民以机关事业单位退休金/离休金的方式养老。

分地区来看，东部地区无养老保障的比例最低，为 29. 1%；西部地区无养老保障的比例最高，为 36. 3%。总的来说，无论是从全国还是从城乡和东、中、西部来看，我国的养老保障覆盖范围仍需进一步提高。

从具体的社保类型来看，如表 9-2 所示，从全国来看，参保新型农村社会养老保险和城镇职工基本养老保险的居民占比较大，分别为 38.3%、34.3%。在城乡差异方面，城镇地区居民主要参保类型为城镇职工基本养老保险，占比 49.4%；农村地区居民则多数参保新型农村社会养老保险，占比 73.2%。从地区来看，东部地区居民参与城镇职工基本养老保险和新型农村社会养老保险的比重均较大，分别为 42.3%、31.6%；中、西部地区居民中参与新型农村社会养老保险的比重较大，分别为 41.7%、46.5%。

**表 9-2　有社会养老保险居民的社保类型分布**　　单位:%

| 社保类型 | 全国 | 城镇 | 农村 | 东部 | 中部 | 西部 |
|---|---|---|---|---|---|---|
| 机关事业单位退休金/离休金 | 9.2 | 13.6 | 1.9 | 9.4 | 8.4 | 9.9 |
| 城镇职工基本养老保险金 | 34.3 | 49.4 | 9.1 | 42.3 | 29.5 | 25.7 |
| 新型农村社会养老保险金 | 38.3 | 17.4 | 73.2 | 31.6 | 41.7 | 46.5 |
| 城镇居民社会养老保险金 | 8.7 | 12.7 | 2.1 | 8.8 | 8.6 | 8.8 |
| 城乡统一居民社会养老保险金 | 7.2 | 4.7 | 11.3 | 5.9 | 9.9 | 6.1 |
| 其他 | 2.3 | 2.2 | 2.4 | 2.0 | 1.9 | 3.0 |

（2）养老金领取情况

表 9-3 统计了不同类型养老保险金领取情况。从总体来看，机关事业单位退休金/离休金、城镇职工基本养老保险金已开始领取的比例较高，分别为 97.4%、93.5%。城镇居民社会养老保险金、新型农村社会养老保险金、城乡统一居民社会养老保险金领取比例分别为 90.0%、88.1%、88.1%。

**表 9-3　不同类型养老保险的领取情况**　　单位:%

| 养老保险类型 | 全国 | | | 城镇 | | | 农村 | | |
|---|---|---|---|---|---|---|---|---|---|
| | 均值 | 男性 | 女性 | 均值 | 男性 | 女性 | 均值 | 男性 | 女性 |
| 机关事业单位退休金/离休金 | 97.4 | 96.2 | 99.0 | 97.8 | 96.8 | 99.0 | 91.7 | 91.3 | 97.2 |
| 城镇职工基本养老保险金 | 93.5 | 90.7 | 96.4 | 93.7 | 90.9 | 96.6 | 89.3 | 88.5 | 91.7 |
| 新型农村社会养老保险金 | 88.1 | 88.2 | 88.0 | 87.4 | 86.1 | 88.4 | 88.4 | 88.8 | 87.9 |
| 城镇居民社会养老保险金 | 90.0 | 85.9 | 92.6 | 90.3 | 86.1 | 92.9 | 87.0 | 84.9 | 89.3 |
| 城乡统一居民社会养老保险金 | 88.1 | 85.6 | 90.5 | 85.6 | 80.7 | 89.8 | 89.5 | 88.0 | 90.8 |
| 其他 | 94.2 | 92.3 | 96.0 | 93.9 | 91.2 | 96.0 | 94.7 | 93.6 | 96.1 |

分性别来看，除新型农村社会养老保险金外，女性在其他各类型养老保险上的领取比例均高于男性。具体而言，在女性方面，机关事业单位退休金/离休金、城镇职工基本养老保险金已开始领取的比例分别为99.0%、96.4%，分别高出男性2.8个百分点、5.7个百分点，而新型农村社会养老保险金已开始领取的比例低于男性0.2个百分点。

分城乡来看，城镇居民在机关事业单位退休金/离休金、城镇职工基本养老保险和城镇居民社会养老保险上的领取比例分别为97.8%、93.7%、90.3%，分别高出农村5.1个百分点、1.6个百分点、3.3个百分点，而农村居民的新型农村社会养老保险金和城乡统一居民社会养老保险金领取比例则高于城镇。性别差异上，城镇地区女性居民各项养老保险金领取比例均高于男性，农村地区女性除新型农村社会养老保险金外，其他类型养老保险金领取比例也均高于男性。

表9-4统计了开始领取养老保险金的年龄情况。从总体来看，我国居民从57.9周岁开始领取养老保险金，其中，城镇地区居民开始领取养老保险金年龄为55.8周岁，农村地区居民为61.8周岁，东、中、西部地区开始领取养老保险金年龄分别为57.5周岁、57.9周岁、58.9周岁。

从全国来看，男性和女性领取养老保险金的年龄分别是60.2周岁和56.2周岁。女性略早于男性。分城乡来看，城镇地区家庭领取养老保险金早于农村地区，其中，城镇地区女性早于男性8年领取养老保险金，农村地区男性晚于女性3年领取养老保险金。分地区来看，东部地区的男性和女性领取养老保险金年龄均早于中部和西部。

**表9-4　开始领取养老保险金年龄**　　单位：周岁

| 性别 | 全国 | 城镇 | 农村 | 东部 | 中部 | 西部 |
|---|---|---|---|---|---|---|
| 总体 | 57.9 | 55.8 | 61.8 | 57.5 | 57.9 | 58.9 |
| 男性 | 60.2 | 59.0 | 62.0 | 60.0 | 60.1 | 60.8 |
| 女性 | 56.2 | 53.8 | 61.8 | 55.7 | 56.3 | 57.4 |

（3）社会养老保险保费和领取额

表9-5统计了社会养老保险的个人缴纳额情况。从全国来看，在缴纳社会养老保险的群体中，居民社会养老保险个人缴纳均值为3 377元/年，中位数为504元/年，存在较大的个体差异。其中，城镇职工基本养老保险个人缴纳保费均值和中位数最高，分别为6 723元/年、4 200元/年，新型农村社会养老保险个人缴纳保费均值最低，为531元/年。分城乡来看，城镇地区社会养老保险个人缴纳均值为4 933元/年，高出农村地区3 826元，且城镇地区各类型养老保险缴纳额均高于农村。

表 9-5　居民养老保险保费缴纳情况　　单位：元/年

| 社会养老保险类型 | 全国 | | 城镇 | | 农村 | |
|---|---|---|---|---|---|---|
| | 均值 | 中位数 | 均值 | 中位数 | 均值 | 中位数 |
| 总体 | 3 377 | 504 | 4 933 | 2 904 | 1 107 | 200 |
| 城镇职工基本养老保险金 | 6 723 | 4 200 | 6 784 | 4 284 | 6 230 | 3 732 |
| 新型农村社会养老保险金 | 531 | 200 | 889 | 200 | 389 | 200 |
| 城镇居民社会养老保险金 | 4 338 | 1 500 | 4 486 | 2 000 | 2 924 | 543 |
| 城乡统一居民社会养老保险金 | 1 242 | 200 | 2 131 | 240 | 595 | 200 |
| 其他 | 2 599 | 300 | 3 338 | 514 | 1 518 | 200 |

表 9-6 统计了社会养老保险金的领取情况。从全国来看，在领取相应社会养老保险金的群体中，居民社会养老保险金领取金额均值为 20 414 元/年。其中，机关事业单位退休金/离休金、城镇职工基本养老保险金领取金额均值较高，分别为 43 578 元/年、32 762 元/年；新型农村社会养老保险金、城乡统一居民社会养老保险金领取金额均值较低，分别为 3 325 元/年、6 229 元/年。分城乡来看，城镇地区居民养老保险金领取均值为 29 076 元/年，高出农村地区 24 316 元/年，且各类型养老保险中城镇地区居民养老保险金领取额度均高于农村地区。

表 9-6　居民社会养老保险养老金领取情况　　单位：元/年

| 社会养老保险类型 | 全国 | | 城镇 | | 农村 | |
|---|---|---|---|---|---|---|
| | 均值 | 中位数 | 均值 | 中位数 | 均值 | 中位数 |
| 总体 | 20 414 | 15 600 | 29 076 | 27 600 | 4 760 | 1 296 |
| 机关事业单位退休金/离休金 | 43 578 | 36 000 | 44 168 | 37 200 | 33 757 | 31 200 |
| 城镇职工基本养老保险金 | 32 762 | 31 200 | 33 309 | 31 200 | 23 127 | 21 600 |
| 新型农村社会养老保险金 | 3 325 | 1 320 | 5 473 | 1 548 | 2 498 | 1 260 |
| 城镇居民社会养老保险金 | 19 577 | 18 000 | 20 045 | 18 000 | 15 274 | 13 200 |
| 城乡统一居民社会养老保险金 | 6 229 | 1 296 | 11 507 | 8 160 | 3 158 | 1 200 |
| 其他 | 14 018 | 15 600 | 17 527 | 15 600 | 8 446 | 6 000 |

如表 9-7 所示，在领取社会养老保险金的群体中，从全国来看，男性领取养老保险金均值为 22 544 元/年，高出女性 3 752 元/年。城镇地区，男性领取养老保险金均值为 33 919 元/年，高出女性 8 113 元/年；农村地区，男性领取养老保险金均值为 5 827 元/年，高出女性 2 100 元/年。可见，城乡居民的养老金平均领取水平差异较大，总体上男性养老金领取额度高于女性。

表 9-7 性别与居民养老保险收入 单位：元/年

| 性别 | 全国 | | 城镇 | | 农村 | |
|---|---|---|---|---|---|---|
| | 均值 | 中位数 | 均值 | 中位数 | 均值 | 中位数 |
| 总体 | 20 433 | 15 636 | 29 085 | 27 600 | 4 772 | 1 296 |
| 男性 | 22 544 | 14 400 | 33 919 | 33 744 | 5 827 | 1 320 |
| 女性 | 18 792 | 16 800 | 25 806 | 24 000 | 3 727 | 1 296 |

（4）企业年金

表 9-8 统计了居民企业年金的拥有情况。从全国来看，拥有企业年金的居民占比仅有 9.1%。在拥有企业年金的居民中，有 9.0%已经开始领取。从城乡对比来看，城镇地区拥有企业年金的比例高于全国平均水平，为 9.5%，已经开始领取的比例为 8.8%。农村地区拥有企业年金的比例为 5.0%，低于城镇地区；已经开始领取的比例为 12.2%，高于城镇地区。

表 9-8 企业年金拥有情况 单位:%

| 区域 | 拥有企业年金比例 | 开始领取企业年金比例 |
|---|---|---|
| 全国 | 9.1 | 9.0 |
| 城镇 | 9.5 | 8.8 |
| 农村 | 5.0 | 12.2 |

注：样本范围控制在有政府/事业单位退休金或有城镇职工养老保险的群体中；指标“开始领取企业年金比例”计算对象控制在有企业年金的群体中。

在有企业年金相应额度的群体中，表 9-9 统计了居民企业年金的缴费、收入和账户余额情况。在企业年金缴费方面，全国缴纳均值为 9 381 元/年，中位数为 3 600 元/年。其中农村地区缴纳均值为 12 973 元/年，高出城镇地区 3 734 元/年。在企业年金领取额方面，全国个人领取额均值为 21 193 元/年。其中城镇地区缴纳均值为 21 798 元/年，中位数为 7 260 元/年，分别高出农村地区 9 035 元/年、5 220 元/年。在企业年金账户余额方面，全国账户余额均值为 19 486 元，其中城镇地区为 19 754 元，高于农村地区 4 574 元。

表 9-9 企业年金缴费金额、领取额和账户余额情况 单位：元/年

| 区域 | 个人缴纳额/元·年 | | 个人领取额/元·年 | | 账户余额/元 | |
|---|---|---|---|---|---|---|
| | 均值 | 中位数 | 均值 | 中位数 | 均值 | 中位数 |
| 全国 | 9 381 | 3 600 | 21 193 | 7 200 | 19 486 | 6 430 |
| 城镇 | 9 239 | 3 600 | 21 798 | 7 260 | 19 754 | 6 691 |
| 农村 | 12 973 | 4 800 | 12 763 | 2 040 | 15 180 | 3 500 |

### 9.1.2 医疗保险

(1) 医疗保险覆盖率

如图 9-1 所示，全国范围内，社会医疗保险的覆盖率为 89.6%。分城乡来看，城镇地区社会医疗保险的覆盖率为 89.1%，农村地区社会医疗保险的覆盖率为 90.5%，高出城镇地区 1.4 个百分点。我国的社会医疗保险覆盖率高，已基本实现全民医保。

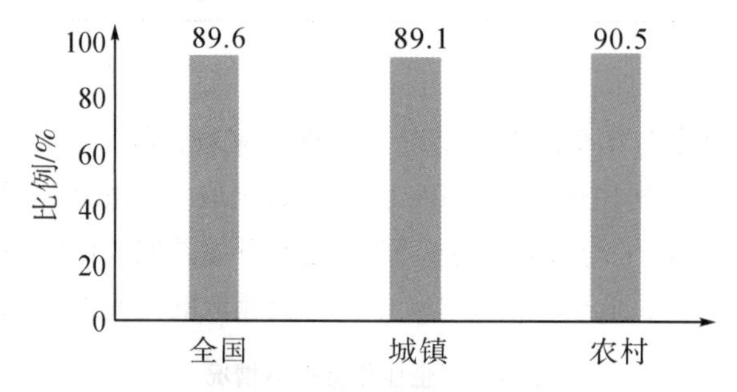


**图 9-1 社会医疗保险覆盖率**

表 9-10 统计了各类型社会医疗保险的覆盖情况。从全国来看，新型农村合作医疗保险覆盖率最高，为 51.4%，远高于其他类型的社会医疗保险；其次为城镇职工基本医疗保险，覆盖率为 19.6%。分城乡来看，城镇地区，城镇职工基本医疗保险、新型农村合作医疗保险、城镇居民基本医疗保险的覆盖率较高，分别为 31.7%、26.5%和 23.0%。农村地区，新型农村合作医疗保险占据绝大多数，覆盖率为 78.0%。从总体来看，新型农村合作医疗保险的覆盖率较高，这主要得益于近年来新型农村合作医疗保险在农村地区的大力推广。

**表 9-10 社会医疗保险覆盖具体情况** 单位:%

| 社会医疗保险类型 | 全国 | 城镇 | 农村 |
|---|---|---|---|
| 城镇职工基本医疗保险 | 19.6 | 31.7 | 4.0 |
| 城镇居民基本医疗保险 | 12.3 | 23.0 | 2.1 |
| 新型农村合作医疗保险 | 51.4 | 26.5 | 78.0 |
| 城乡居民基本医疗保险 | 6.7 | 6.7 | 6.0 |
| 公费医疗 | 1.0 | 1.2 | 0.4 |

图 9-2 统计了大病医疗保险的覆盖率情况。全国范围内，大病医疗的覆盖率为 23.3%。其中，城镇地区大病医疗保险的覆盖率为 26.7%，高于全国 3.4 个百分点；农村地区大病医疗保险的覆盖率为 18.3%，低于城镇地区 8.4 个百分点。

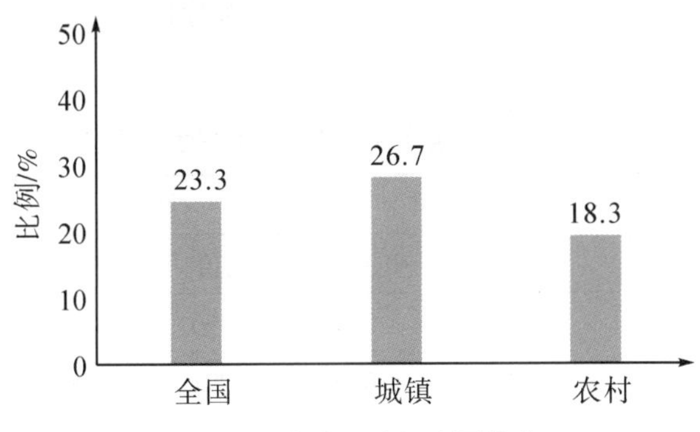


**图 9-2 大病医疗保险覆盖率**

（2）医疗保险的保费缴纳情况

表 9-11 统计了社会医疗保险的保费缴纳情况。从全国来看，城镇职工基本医疗保险和公费医疗的保费缴纳均值较高，分别为 3 563 元/年、3 378 元/年，远高于其他类型的社会医疗保险，其中城镇职工基本医疗保险的中位数也较高，为 1 200 元/年。分城乡来看，城镇地区，公费医疗和城镇职工基本医疗保险的保费缴纳均值较高，分别为 4 061 元/年、2 543 元/年。农村地区，城镇职工基本医疗保险的均值较高，为 2 786 元/年，远高于其他类型的社会医疗保险。

**表 9-11 社会医疗保险的保费缴纳情况** 单位：元/年

| 社会医疗保险类型 | 全国 | | 城镇 | | 农村 | |
|---|---|---|---|---|---|---|
| | 均值 | 中位数 | 均值 | 中位数 | 均值 | 中位数 |
| 总体 | 652 | 220 | 943 | 220 | 324 | 220 |
| 城镇职工基本医疗保险 | 3 563 | 1 200 | 2 543 | 1 200 | 2 786 | 1 188 |
| 城镇居民基本医疗保险 | 711 | 220 | 704 | 220 | 834 | 220 |
| 新型农村合作医疗保险 | 268 | 220 | 310 | 220 | 248 | 220 |
| 城乡居民基本医疗保险 | 432 | 220 | 450 | 220 | 402 | 220 |
| 公费医疗 | 3 378 | 400 | 4 061 | 500 | 709 | 240 |

（3）社会医疗保险个人账户余额

表 9-12 统计了社会医疗保险的个人账户余额情况。从全国来看，公费医疗、城镇职工基本医疗保险的账户余额均值较高，分别为 3 834 元、3 247 元，中位数也较高，分别为 1 331 元、1 000 元；其次为城镇居民医疗保险和城乡居民基本医疗保险，账户余额均值分别为 2 091 元、1 178 元。分城乡来看，城镇地区，公费医疗和城镇职工基本医疗保险账户余额均值较高，分别为 4 061 元和 3 291 元。农村地区，城镇职工基本医疗保险、公费医疗和城镇居民基本医疗保险账户余额较多，分别为 2 705 元、2 564 元、1 590 元，远高于

其他类型医疗保险。从总体来看，城镇地区各类社会医疗保险个人账户余额均高于农村地区；中位数上，各类型医疗保险差距较大。

**表 9-12　社会医疗保险的个人账户余额情况**　　单位：元

| 社会医疗保险类型 | 全国 | | 城镇 | | 农村 | |
|---|---|---|---|---|---|---|
| | 均值 | 中位数 | 均值 | 中位数 | 均值 | 中位数 |
| 总体 | 1 897 | 300 | 2 456 | 600 | 753 | 71 |
| 城镇职工基本医疗保险 | 3 247 | 1 000 | 3 291 | 1 000 | 2 705 | 752 |
| 城镇居民基本医疗保险 | 2 091 | 220 | 2 131 | 220 | 1 590 | 174 |
| 新型农村合作医疗保险 | 537 | 55 | 619 | 65 | 496 | 51 |
| 城乡居民基本医疗保险 | 1 178 | 75 | 1 493 | 80 | 702 | 73 |
| 公费医疗 | 3 834 | 1 331 | 4 061 | 1 400 | 2 564 | 400 |

### 9.1.3　失业保险

图 9-3 统计了居民失业保险的覆盖率及领取率情况。从全国来看，年龄大于 16 周岁的居民中，有 38.1%的居民拥有失业保险，其中 1.8%的居民领取失业保险。分城乡来看，城镇地区居民拥有失业保险的比例为 38.1%，领取比例为 1.7%；农村地区失业保险覆盖率为 39.3%，领取比例为 2.8%，城乡差异不大。

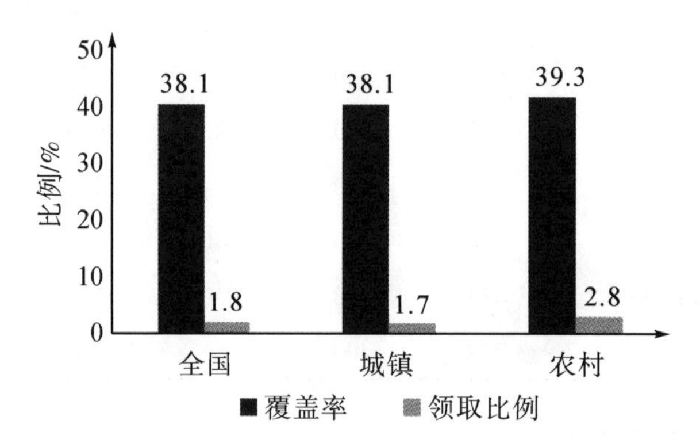


**图 9-3　失业保险覆盖率与领取率情况**

### 9.1.4　住房公积金

(1) 住房公积金覆盖率

表 9-13 统计了居民的住房公积金提取基本情况。全国有 23.4%的居民拥有住房公积金，城镇地区该比例为 28.4%，高出农村地区 19.4 个百分点。在拥有住房公积金的居民

中，有 95. 1%还在继续缴纳住房公积金，城镇地区该比例为 95. 1%，农村地区为 95. 0%。在 2018 年提取住房公积金的样本比例为 17. 9%，其中，城镇地区为 18. 8%，农村地区为 9. 8%，显著低于城镇地区。

**表 9-13　居民的住房公积金提取基本情况**　　单位:%

| 住房公积金提取基本情况 | 全国 | 城镇 | 农村 |
|---|---|---|---|
| 拥有住房公积金比例 | 23. 4 | 28. 4 | 9. 0 |
| 还在继续缴纳住房公积金比例 | 95. 1 | 95. 1 | 95. 0 |
| 2018 年提取住房公积金比例 | 17. 9 | 18. 8 | 9. 8 |

（2）住房公积金缴存与余额

表 9-14 统计了 2018 年住房公积金的缴存与余额情况。全国 2018 年住房公积金缴存额平均值为 9 566 元，中位数为 6 360 元；其中，城镇地区缴纳均值为 9 705 元、中位数为 6 660 元，分别高出农村地区 1 871 元、1 200 元。在账户余额方面，2018 年住房公积金账户余额全国均值为 36 668 元；其中城镇地区均值为 38 256 元、中位数为 18 000 元，分别高出农村地区 15 326 元、8 000 元。

**表 9-14　居民住房公积金缴存、账户余额**　　单位：元

| 区域 | 2018 年缴纳额 | | 账户余额 | |
|---|---|---|---|---|
| | 均值 | 中位数 | 均值 | 中位数 |
| 全国 | 9 566 | 6 360 | 36 668 | 16 200 |
| 城镇 | 9 705 | 6 660 | 38 256 | 18 000 |
| 农村 | 7 834 | 5 400 | 22 930 | 10 000 |

（3）住房公积金提取

图 9-4 统计了 2018 年住房公积金的提取金额情况。从全国来看，2018 年住房公积金提取均值为 34 772 元，中位数为 20 000 元。分城乡看，城镇地区居民提取金额均值为 35 298 元、中位数为 20 000 元，分别高出农村地区 9 810 元、5 600 元，城乡差异显著。

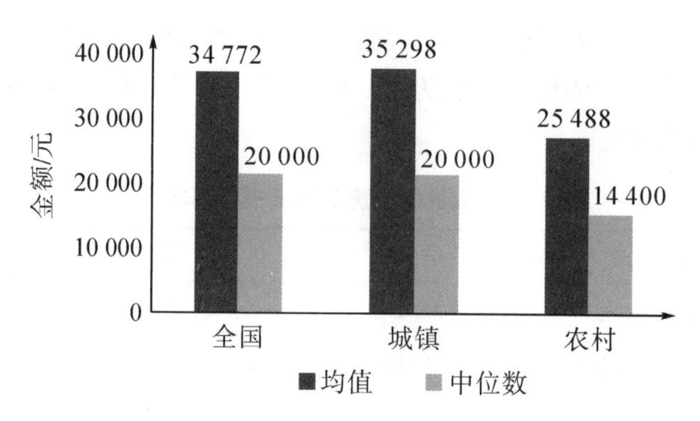


**图 9-4　2018 年住房公积金提取金额**

表 9-15 显示了居民提取住房公积金的原因。从全国范围来看，提取住房公积金的原因中偿还购房贷款本息和买房占比较高，分别为 37.2%和 35.1%。城镇地区家庭提取住房公积金的主要原因同样为偿还购房贷款本息和买房，占比分别为 38.8%和 35.8%。在农村地区，提取住房公积金的原因中买房、偿还购房贷款本息、离退休及房屋建造、大修、翻建的占比较高，分别为 26.0%、21.6、9.4%、9.4%。

**表 9-15　居民提取住房公积金的原因**　　单位:%

| 原因 | 全国 | 城镇 | 农村 |
|---|---|---|---|
| 偿还购房贷款本息 | 37.2 | 38.8 | 21.6 |
| 买房 | 35.1 | 35.8 | 26.0 |
| 房屋建造、大修、翻建 | 6.8 | 5.7 | 9.4 |
| 付房租 | 5.5 | 5.8 | 2.5 |
| 交物业费 | 2.4 | 3.6 | 0.0 |
| 离退休 | 2.3 | 1.2 | 9.4 |
| 家庭成员发生重大疾病造成生活严重困难 | 1.0 | 0.7 | 3.5 |
| 与单位解除劳动关系 | 0.6 | 0.2 | 1.2 |
| 其他 | 9.1 | 8.2 | 26.4 |

（4）住房储蓄意愿

住房储蓄政策：国家准备推出一项和住房公积金类似的住房储蓄政策，个人自愿定期往银行存入一笔钱，免缴个税，存款计利息；存满一定期限和金额后，购房时可以取出用于支付首付款，获得比商业银行利率低的个人住房贷款，节省购房利息支出。

有住房公积金账户的居民，若单位不再配缴住房公积金，从其住房储蓄存款意愿情况来看，“愿意参加，但自愿缴存部分仍然由单位从工资中代扣”的方式占比最高。如表

9-16 所示，从全国来看，愿意参加住房储蓄存款的总体占比 67.9%，其中“愿意参加，但自愿缴存部分仍然由单位从工资中代扣”和“单位将原配缴部分发给职工个人，自行参加住房储蓄贷款”的占比分别为 52.8%和 15.1%；不愿参加即方式三“单位将原配缴部分发给职工个人，但个人不再参加住房储蓄”的占比 24.5%。分城乡来看，城镇居民中愿意参加住房储蓄存款的比例为 70.4%，高出农村地区 7.3 个百分点，多数城镇和农村居民选择方式一参与住房储蓄政策。分性别来看，女性居民中有 71.3%愿意参加住房储蓄存款政策，略高出男性 1.9 个百分点。

**表 9-16　有住房公积金账户居民住房储蓄意愿**　　单位:%

| 意愿情况 | 全国 | 城镇 | 农村 | 男性 | 女性 |
|---|---|---|---|---|---|
| 方式一：愿意参加，但自愿缴存部分仍然由单位从工资中代扣 | 52.8 | 54.7 | 47.4 | 53.0 | 55.9 |
| 方式二：单位将原配缴部分发给职工个人，自行参加住房储蓄贷款 | 15.1 | 15.7 | 22.4 | 16.4 | 15.4 |
| 方式三：单位将原配缴部分发给职工个人，但个人不再参加住房储蓄 | 24.5 | 22.7 | 20.9 | 22.7 | 22.7 |
| 其他 | 7.6 | 6.9 | 9.3 | 7.9 | 6.0 |

而没有住房公积金账户的居民，愿意参加住房储蓄的居民占比相对较低。如表 9-17 所示，从全国来看，愿意参加住房储蓄存款的居民占 43.1%，比例不高；分城乡来看，城镇地区愿意参加住房储蓄存款的居民占 45.0%，略高于农村地区；分性别来看，女性居民中愿意参加住房储蓄存款的占比 46.0%，高于男性居民 2.5 个百分点。

**表 9-17　无住房公积金账户居民住房储蓄意愿**　　单位:%

| 是否愿意参加 | 全国 | 城镇 | 农村 | 男性 | 女性 |
|---|---|---|---|---|---|
| 愿意参加 | 43.1 | 45.0 | 43.4 | 43.6 | 46.0 |
| 不愿意参加 | 56.9 | 55.0 | 56.6 | 56.4 | 54.0 |

在有补贴（即如果自己存入 1 万元，除获得存款利息外，政府再补贴 100 元）的情况下，居民愿意参加住房储蓄存款的占比明显提高。如表 9-18 所示，从全国来看，愿意参加住房储蓄存款的居民占比 62.0%。分城乡来看，城镇居民中，愿意参加住房储蓄存款的占比 65.5%，高出农村地区 4.8 个百分点。分性别来看，男性居民愿意参加住房储蓄存款的占比 64.7%，略高于女性居民。

表 9-18　有补贴后参加住房储蓄存款意愿情况　　单位:%

| 是否愿意参加 | 全国 | 城镇 | 农村 | 男性 | 女性 |
|---|---|---|---|---|---|
| 愿意参加 | 62.0 | 65.5 | 60.7 | 64.7 | 64.3 |
| 不愿意参加 | 38.0 | 34.5 | 39.3 | 35.3 | 35.7 |

表 9-19 统计了贷款权利转让后的住房储蓄存款意愿情况。从全国来看，愿意参加住房储蓄存款的居民占 61.1%；分城乡来看，城镇居民中愿意参加住房储蓄存款的居民占 64.9%，高出农村居民 5.9 个百分点；分性别来看，男性、女性居民中愿意参加住房储蓄存款的居民占比分别为 63.7%、63.8%，相差较小。

表 9-19　贷款权利转让后的意愿情况　　单位:%

| 是否愿意参加 | 全国 | 城镇 | 农村 | 男性 | 女性 |
|---|---|---|---|---|---|
| 愿意参加 | 61.1 | 64.9 | 59.0 | 63.7 | 63.8 |
| 不愿意参加 | 38.9 | 35.1 | 41.0 | 36.3 | 36.2 |

表 9-20 为住房储蓄配置方案。为鼓励多存长缴，存款时间越长，存款利率越高且贷款利率越低，并且存款越多时可获得的贷款额度也越高。

表 9-20　住房储蓄方案

| 编号 | 每年存入金额/万元 | 存款时长/年 | 存款利率+政府补贴/% | 总存款利息/万元 | 贷款利率/% | 可贷金额/万元 | 可节约利息差/万元 |
|---|---|---|---|---|---|---|---|
| 1 | 1 | 3 | 2.75 | 0.2 | 4.50 | 10 | 0.5 |
| 2 | 1 | 5 | 2.75 | 0.4 | 4.10 | 30 | 3 |
| 3 | 1 | 7 | 2.90 | 0.8 | 3.70 | 50 | 8 |
| 4 | 1 | 10 | 3.10 | 1.7 | 3.25 | 85 | 18 |
| 5 | 2 | 3 | 2.75 | 0.3 | 4.50 | 20 | 1 |
| 6 | 2 | 5 | 2.75 | 0.8 | 4.10 | 60 | 6 |
| 7 | 2 | 7 | 2.90 | 1.5 | 3.70 | 75 | 11 |
| 8 | 2 | 10 | 3.10 | 3.0 | 3.25 | 85 | 18 |

注：可节约息差是指贷款额度相同的情况下贷款 20 年，住房储蓄贷款比银行贷款少支付的贷款利息额。

2019 年中国家庭金融调查结果显示，各住房储蓄政策方案选择情况存在一定的差异，详见图 9-5。选择方案 4 的居民占比最高，为 15.5%；其次为选择方案 8、方案 6、方案 7 的居民，占比分别为 14.2%、13.7%、14.0%；选择方案 5、方案 3 的居民占比分别为 12.7%、11.8%；选择方案 2、方案 1 的居民最少，占比分别为 9.6%、8.5%。

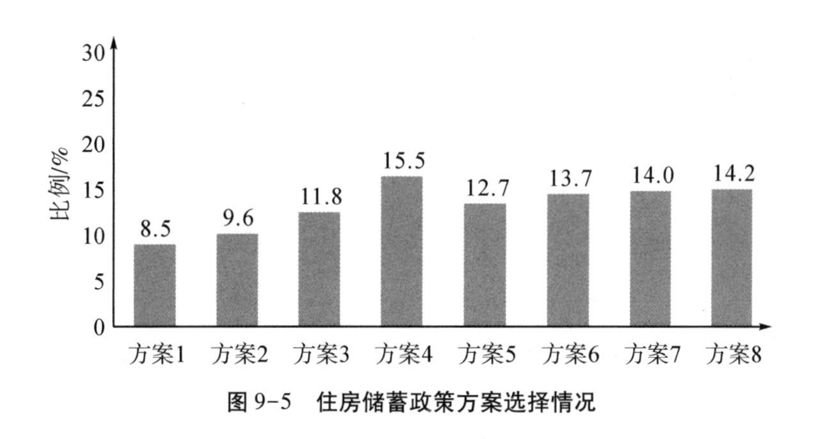


图 9-5 住房储蓄政策方案选择情况

## 9.2 商业保险

### 9.2.1 商业保险投保情况

表 9-21 统计了居民商业保险投保情况。从总体来看，我国居民的商业保险投保率较低，有 87.8%的居民没有任何商业保险，拥有商业人寿保险的居民占 4.9%，拥有商业健康保险的居民占 4.5%，拥有其他商业保险的居民占 2.3%。分城乡来看，城镇地区总体商业保险投保比例为 16%，高于农村地区的 5.2%；其中，城镇地区商业人寿保险、商业健康保险、其他商业保险的投保比例分别为 6.6%、6.4%、3.0%，也均高于农村地区的 2.4%、1.6%、1.2%。

表 9-21 居民商业保险投保情况　　单位:%

| 商业保险类型 | 全国 | 城镇 | 农村 |
| --- | --- | --- | --- |
| 商业人寿保险 | 4.9 | 6.6 | 2.4 |
| 商业健康保险 | 4.5 | 6.4 | 1.6 |
| 其他商业保险 | 2.3 | 3.0 | 1.2 |
| 都没有 | 87.8 | 83.9 | 93.5 |

表 9-22 统计了性别与商业保险投保比例的关系。从总体来看，全国 10.7%的居民投保了商业保险，其中，男性投保比例为 10.6%，低于女性 0.3 个百分点。分性别来看，拥有商业人寿保险的男性占比 4.8%，略低于女性群体 0.2 个百分点；拥有商业健康保险的男性占比 4.3%，略低于女性群体 0.4%的百分点；拥有其他商业保险的男性占比 2.6%，略高出女性群体 0.3 个百分点。

表 9-22　性别与商业保险投保比例　　单位:%

| 商业保险类型 | 全国 | 男性 | 女性 |
| --- | --- | --- | --- |
| 总体 | 10.7 | 10.6 | 10.9 |
| 商业人寿保险 | 4.9 | 4.8 | 5.0 |
| 商业健康保险 | 4.5 | 4.3 | 4.7 |
| 其他商业保险 | 2.3 | 2.4 | 2.1 |

表 9-23 统计了户主年龄与商业保险投保比例的关系。从年龄差异来看，30 周岁及以下、41~50 周岁的居民商业保险投保率较高，分别为 3.8%、2.4%，其次为 51~60 周岁、31~40 周岁的居民，投保率分别为 1.9%、1.7%，60 周岁（不含）以上居民投保率最低，为 0.9%。其中，商业人寿保险中，投保率最高的年龄段为 41~50 周岁的居民，比例为 7.0%；健康保险投保率最高的年龄段为 41~50 周岁的居民，比例为 6.9%；小于 30 周岁的居民在其他商业保险中的投保比例最高，为 3.2%。

表 9-23　年龄与商业保险投保比例　　单位:%

| 年龄 | 总体 | 商业人寿保险 | 商业健康保险 | 其他商业保险 |
| --- | --- | --- | --- | --- |
| 总体 | 10.7 | 4.9 | 4.5 | 2.3 |
| 30 周岁及以下 | 3.8 | 4.7 | 5.3 | 3.2 |
| 31~40 周岁 | 1.7 | 4.7 | 4.9 | 1.9 |
| 41~50 周岁 | 2.4 | 7.0 | 6.9 | 2.7 |
| 51~60 周岁 | 1.9 | 6.6 | 4.3 | 2.1 |
| 60 周岁(不含)以上 | 0.9 | 2.6 | 1.3 | 0.9 |

从受教育水平差异来看，随着受教育水平的提高，商业人寿保险、商业健康保险和其他商业保险投保率总体上也呈上升趋势，博士研究生、硕士研究生、大学本科学历户主的商业保险投保率较高，分别为 18.7%、22.4%、17.4%。其中，博士研究生学历户主拥有商业人寿保险的比例最高，为 13.1%，其次是硕士研究生学历户主，为 11.9%；硕士研究生学历户主拥有商业健康保险的比例最高，为 12.2%，其次为博士研究生学历户主，为 7.6%；硕士研究生学历户主拥有其他商业保险的比例最高，为 3.0%，其次为大专/高职学历户主，为 1.1%。

表 9-24 学历与商业保险投保比例 单位:%

| 学历 | 总体 | 商业人寿保险 | 商业健康保险 | 其他商业保险 |
|---|---|---|---|---|
| 总体 | 10.1 | 5.0 | 4.1 | 1.9 |
| 没上过学 | 2.3 | 0.9 | 8.3 | 0.7 |
| 小学 | 3.7 | 1.7 | 1.1 | 1.0 |
| 初中 | 8.1 | 3.9 | 3.0 | 1.7 |
| 高中 | 12.3 | 6.2 | 4.6 | 2.5 |
| 中专/职高 | 12.6 | 6.5 | 4.9 | 2.3 |
| 大专/高职 | 16.8 | 8.1 | 7.9 | 2.8 |
| 大学本科 | 17.4 | 8.9 | 8.0 | 2.7 |
| 硕士研究生 | 22.4 | 11.9 | 12.2 | 3.0 |
| 博士研究生 | 18.7 | 13.1 | 7.6 | 1.1 |

### 9.2.2 商业人寿保险

表 9-25 统计了商业人寿保险的投保情况。从居民的投保总额来看，全国总体均值为 770 454 元，城镇居民为 915 191 元，远高于农村居民的 150 864 元。从上年缴纳的保费额来看，全国总体均值为 5 212 元，城镇居民为 6 679 元，农村居民为 4 320 元。

表 9-25 商业人寿保险投保情况 单位：元

| 区域 | 投保总额 | | 上年缴纳的保费额 | |
|---|---|---|---|---|
| | 均值 | 中位数 | 均值 | 中位数 |
| 全国 | 770 454 | 100 000 | 5 212 | 3 751 |
| 城镇 | 915 191 | 100 000 | 6 679 | 4 000 |
| 农村 | 150 864 | 60 000 | 4 320 | 3 000 |

表 9-26 统计了商业人寿保险的分红情况。就总体而言，有 34.6%的商业人寿保险有分红，人均分红 1 554 元。其中，城镇居民所投的商业人寿保险中有 35.2%有分红，略高于农村地区的 32.0%，而城镇居民人均分红 1 769 元，高出农村居民 1 074 元。从返还本金来看，全国总体所投的商业人寿保险有 51.5%返还本金，农村居民占比 56.2%，高出城镇居民 5.8 个百分点。

**表 9-26　商业人寿保险分红情况**

| 区域 | 分红占比/% | 返还本金占比/% | 上年获得分红均值/元 | 上年获得分红中位数/元 |
|---|---|---|---|---|
| 全国 | 34.6 | 51.5 | 1 554 | 300 |
| 城镇 | 35.2 | 50.4 | 1 769 | 300 |
| 农村 | 32.0 | 56.2 | 695 | 200 |

注：金额为条件值；返还本金占比指居民参与的保险中有多大比例的保险会返还本金。

从商业人寿保险理赔情况来看，2018 年城镇居民的商业人寿保险获得赔付额均值、赔付额中位数均高于农村居民。如表 9-27 所示，2018 年有 2.9%的居民在上年获得理赔，赔付额均值、中位数分别为 4 832 元、2 000 元。其中，城镇居民中有 2.8%获得保险理赔，略低于农村居民；赔付额上，城镇居民平均获赔 5 329 元，中位数为 2 500 元，均高于农村家庭的 2 955 元、700 元。

**表 9-27　商业人寿保险理赔情况**

| 区域 | 上年获得理赔的居民占比/% | 上年赔付额均值/元 | 上年赔付额中位数/元 |
|---|---|---|---|
| 全国 | 2.9 | 4 832 | 2 000 |
| 城镇 | 2.8 | 5 329 | 2 500 |
| 农村 | 3.4 | 2 955 | 700 |

注：金额为条件值；农村地区因样本量不足，赔付额可能存在偏差。

### 9.2.3　商业健康保险

居民的商业健康保险投保类型中，首选重大疾病保险，其次是商业医疗保险。具体情况如表 9-28 所示。从全国来看，购买商业健康保险的居民中，有 78.0%选择重大疾病保险，有 32.4%选择商业医疗保险，选择收入保障保险和长期护理险的比例较低，分别为 2.3%和 1.5%。分城乡来看，城镇居民有 78.7%选择重大疾病保险，33.5%选择商业医疗保险，分别高出农村地区 5.2 个和 7.8 个百分点。

**表 9-28　居民的商业健康保险投保情况**　　单位:%

| 商业保险类型 | 全国 | 城镇 | 农村 |
|---|---|---|---|
| 商业医疗保险 | 32.4 | 33.5 | 25.7 |
| 重大疾病保险 | 78.0 | 78.7 | 73.5 |
| 收入保障保险 | 2.3 | 2.3 | 2.7 |
| 长期护理险 | 1.5 | 1.5 | 1.8 |

表 9-29 统计了居民商业健康保险的保费缴纳情况。从全国来看，商业医疗保险缴纳均值较高，为 670 063 元；其次为重大疾病保险和长期护理险，缴纳均值分别为 441 396 元、408 707 元；收入保障保险缴纳均值为 235 376 元。分城乡来看，城镇居民中，商业医疗保险、重大疾病保险、长期护理险、收入保障保险上年缴纳保费均值分别为 694 419 元、453 764 元、472 542 元、279 458 元，均高于农村居民的 473 244 元、361 142 元、109 711 元、83 814 元。

**表 9-29 商业健康保险上年缴纳保费情况** 单位：元

| 商业保险类型 | 全国 | | 城镇 | | 农村 | |
|---|---|---|---|---|---|---|
| | 均值 | 中位数 | 均值 | 中位数 | 均值 | 中位数 |
| 商业医疗保险 | 670 063 | 200 000 | 694 419 | 200 000 | 473 244 | 150 000 |
| 重大疾病保险 | 441 396 | 200 000 | 453 764 | 200 000 | 361 142 | 120 000 |
| 收入保障保险 | 235 376 | 100 000 | 279 458 | 100 000 | 83 814 | 100 000 |
| 长期护理险 | 408 707 | 100 000 | 472 542 | 120 000 | 109 711 | 100 000 |

表 9-30 统计了居民商业健康保险的报销情况。从全国来看，收入保障保险的赔付金额均值和中位数较高，分别为 20 895 元、5 800 元；商业医疗保险、重大疾病保险、长期护理险的赔付额均值分别为 6 217 元、7 067 元、4 991 元。分城乡来看，城镇居民中，收入保障保险的赔付金额均值同样最高，为 25 321 元，重大疾病保险、商业医疗保险、长期护理险的赔付金额均值分别为 7 574 元、5 814 元、5 323 元，均高于农村居民；农村居民中赔付金额最高的为商业医疗保险，均值为 9 139 元，重大疾病保险、收入保障保险、长期护理险的赔付金额均值则分别为 3 906 元、5 431 元、3 887 元。

**表 9-30 商业健康保险赔付或返还金额** 单位：元

| 商业保险类型 | 全国 | | 城镇 | | 农村 | |
|---|---|---|---|---|---|---|
| | 均值 | 中位数 | 均值 | 中位数 | 均值 | 中位数 |
| 商业医疗保险 | 6 217 | 3 000 | 5 814 | 3 000 | 9 139 | 2 600 |
| 重大疾病保险 | 7 067 | 4 000 | 7 574 | 4 000 | 3 906 | 3 500 |
| 收入保障保险 | 20 895 | 5 800 | 25 321 | 6 000 | 5 431 | 5 200 |
| 长期护理险 | 4 991 | 4 000 | 5 323 | 5 000 | 3 887 | 2 395 |

### 9.2.4 其他商业保险

表 9-31 统计了其他商业保险的投保情况。从全国来看，购买其他商业保险的居民中，

有60.2%的居民选择意外伤害保险，占比最高；其次为少儿教育险，占比15.9%；3.6%的居民选择家庭财产意外险，0.3%的居民选择农业保险。从城乡差异来看，购买其他商业保险的城镇居民中，有59.0%的居民选择意外伤害保险，18.3%的居民选择少儿教育险，3.3%的居民选择家庭财产意外险，0.2%的居民选择农业保险；农村居民中，有64.6%的居民选择意外伤害保险，比重较高，6.5%的居民选择少儿教育险，低于城镇地区，4.8%的居民选择家庭财产保险，0.8%的居民选择农业保险。

**表9-31　其他商业保险投保比例**　　单位:%

| 商业保险类型 | 全国 | 城镇 | 农村 |
|---|---|---|---|
| 意外伤害保险 | 60.2 | 59.0 | 64.6 |
| 家庭财产保险 | 3.6 | 3.3 | 4.8 |
| 农业保险 | 0.3 | 0.2 | 0.8 |
| 少儿教育险 | 15.9 | 18.3 | 6.5 |
| 其他 | 21.6 | 21.3 | 22.6 |

表9-32统计了其他商业保险的总保额情况。从全国来看，意外伤害保险总保额均值较高，为377 916元；其次为家庭财产保险和少儿教育险，总保额均值分别为231 280元、107 464元；农业保险总保额均值仅为2 801元。分城乡来看，城镇居民中，意外伤害保险、家庭财产保险、少儿教育险、农业保险总保额均值分别为425 611元、297 701元、103 141元、10 000元，其中意外伤害保险、家庭财产保险、农业保险均高于农村居民的148 463元、75 810元、1 455元，少儿教育险低于农村居民的162 775元。

**表9-32　其他商业保险总保额**　　单位：元

| 商业保险类型 | 全国 | | 城镇 | | 农村 | |
|---|---|---|---|---|---|---|
| | 均值 | 中位数 | 均值 | 中位数 | 均值 | 中位数 |
| 意外伤害保险 | 377 916 | 100 000 | 425 611 | 160 000 | 148 463 | 50 000 |
| 家庭财产保险 | 231 280 | 95 000 | 297 701 | 100 000 | 75 810 | 40 000 |
| 农业保险 | 2 801 | 2 100 | 10 000 | 10 000 | 1 455 | 2 100 |
| 少儿教育险 | 107 464 | 40 000 | 103 141 | 40 000 | 162 775 | 30 000 |
| 其他 | 378 688 | 100 000 | 439 763 | 100 000 | 128 959 | 25 080 |

表9-33统计了其他商业保险上年缴纳保费的情况。从全国来看，农业保险均值最高，为17 606元；其次为家庭财产保险和少儿教育险，缴纳均值为8 664元、6 775元；意外伤害保险缴纳均值为2 929元。分城乡来看，城镇居民中农业保险、家庭财产保险、少儿

教育险、意外伤害保险上年缴纳保费均值分别为 62 888 元、9 838 元、7 070 元、3 503 元，均高于农村居民的 73 元、5 915 元、2 447 元、1 040 元。

表 9-33　其他商业保险上年缴纳保费情况　　单位：元

| 商业保险类型 | 全国 | | 城镇 | | 农村 | |
|---|---|---|---|---|---|---|
| | 均值 | 中位数 | 均值 | 中位数 | 均值 | 中位数 |
| 意外伤害保险 | 2 929 | 428 | 3 503 | 600 | 1 040 | 120 |
| 家庭财产保险 | 8 664 | 3 000 | 9 838 | 3 000 | 5 915 | 2 000 |
| 农业保险 | 17 606 | 100 | 62 888 | 107 000 | 73 | 30 |
| 少儿教育险 | 6 775 | 3 500 | 7 070 | 4 000 | 2 447 | 1 500 |
| 其他 | 7 175 | 2 867 | 7 897 | 3 000 | 4 501 | 2 135 |

表 9-34 统计了其他商业保险的赔付或返还金额情况。从全国来看，少儿教育险均值最高，为 3 232 元；其次为家庭财产保险和意外伤害保险，赔付或返还金额均值为 1 523 元、1 394 元；农业保险赔付或返还金额为 554 元。分城乡来看，城镇居民中少儿教育险、意外伤害保险、家庭财产保险赔付或返还金额均值分别为 3 230 元、1 322 元、1 221 元，均低于农村居民的 3 272 元、1 649 元、1 681 元；农村居民中，农业保险赔付或返还金额均值为 554 元。

表 9-34　其他商业保险赔付或返还金额　　单位：元

| 商业保险类型 | 全国 | | 城镇 | | 农村 | |
|---|---|---|---|---|---|---|
| | 均值 | 中位数 | 均值 | 中位数 | 均值 | 中位数 |
| 意外伤害保险 | 1 394 | 200 | 1 322 | 200 | 1 649 | 200 |
| 家庭财产保险 | 1 523 | 1 200 | 1 221 | 1 500 | 1 681 | 200 |
| 农业保险 | 554 | 640 | - | - | 554 | 640 |
| 少儿教育险 | 3 232 | 1 000 | 3 230 | 1 000 | 3 272 | 5 600 |
| 其他 | 785 | 0 | 978 | 0 | 70 | 0 |

### 9.2.5　商业保险的购买方式

商业保险购买方式上，通过保险代理人购买的方式较为普遍。具体情况如表 9-35 所示。从全国来看，通过保险代理人购买的占比 75.0%，线下柜台购买的占比 13.0%，线上购买的占比较小，为 6.4%。分城乡来看，城镇居民中线上购买方式占比 7.4%，高出农村地区 4.6 个百分点。

表 9-35　商业健康保险购买方式　　单位:%

| 购买方式 | 全国 | 城镇 | 农村 |
|---|---|---|---|
| 线上 | 6.4 | 7.4 | 2.8 |
| 线下柜台 | 13.0 | 13.1 | 12.8 |
| 保险代理人 | 75.0 | 75.2 | 74.2 |
| 其他 | 5.6 | 4.3 | 10.2 |

在购买线上商业保险类型上，以传统保险公司线上销售的其他商业保险为主。具体情况如表 9-36 所示。从全国来看，71.3%的居民购买传统保险公司线上销售的其他商业保险，24.6%的居民购买互联网保险公司的其他商业保险，4.1%的居民购买其他保险类型。分城乡来看，城镇居民中，有 26.4%的居民购买互联网保险公司的其他商业保险，高出农村地区 19.3 个百分点。

表 9-36　线上商业保险的类型　　单位:%

| 类型 | 全国 | 城镇 | 农村 |
|---|---|---|---|
| 互联网保险公司的其他商业保险 | 24.6 | 26.4 | 7.1 |
| 传统保险公司线上销售的其他商业保险 | 71.3 | 70.7 | 77.6 |
| 其他 | 4.1 | 2.9 | 15.3 |

在线上购买保险的原因中，投保和理赔等方便快捷是最主要的因素。具体情况如表 9-38 所示。从全国来看，63.9%的居民线上购买保险的原因是投保和理赔流程等方便快捷；可供选择的保险产品更丰富、保费相对便宜、保险期限灵活也是重要的因素，占比分别为 25.6%、24.5%、20.9%。分城乡来看，城镇居民更注重保险产品的选择，占比高出农村地区 7.2 个百分点；农村居民更注重保费和保险期限灵活性，占比分别高出城镇地区 3.7 个和 6.8 个百分点。

表 9-37　线上购买保险的原因　　单位:%

| 原因 | 全国 | 城镇 | 农村 |
|---|---|---|---|
| 投保和理赔流程等方便快捷 | 63.9 | 63.7 | 65.3 |
| 可供选择的保险产品更丰富 | 25.6 | 26.3 | 19.1 |
| 保费相对便宜 | 24.5 | 24.2 | 27.9 |
| 保险期限灵活 | 20.9 | 20.2 | 27.0 |
| 其他 | 8.9 | 8.7 | 11.2 |